高职高专教育“十二五”规划建设教材
服务区域经济、骨干院校建设项目成果系列教材

大豆植保措施及应用

马　兰　曹延明　主编

中国农业大学出版社
· 北京 ·

内 容 简 介

本教材是在中国农业大学出版社组织下编写的“3＋3”工学结合教学改革教材。本教材共分5个项目：大豆播前生产准备阶段植保措施及应用、大豆播种阶段植保措施及应用、大豆生长前期管理阶段植保措施及应用、大豆生长中后期管理阶段植保措施及应用、大豆收获与贮藏阶段植保措施及应用，每个项目对应的是大豆生长的一个阶段。在每个项目中，我们设计了技术培训、技术推广和知识文库3个部分。

图书在版编目(CIP)数据

大豆植保措施及应用/马兰，曹延明主编. —北京：中国农业大学出版社，2014. 9
ISBN 978-7-5655-1051-9

Ⅰ.①大…　Ⅱ.①马…②曹…　Ⅲ.①大豆-植物保护-高等职业教育-教材
Ⅳ.①S435.651

中国版本图书馆 CIP 数据核字(2014)第 188995 号

书　名　大豆植保措施及应用
作　者　马　兰　曹延明　主编

策划编辑　陈　阳　伍　斌　　**责任编辑**　刘耀华
封面设计　郑　川　　**责任校对**　王晓凤　陈　莹
出版发行　中国农业大学出版社
社　址　北京市海淀区圆明园西路2号　　**邮政编码**　100193
电　话　发行部 010-62818525，8625　　读者服务部 010-62732336
编辑部 010-62732617，2618　　出　版　部 010-62733440
网　址　http://www.cau.edu.cn/caup　　**e-mail** cbsszs@cau.edu.cn
经　销　新华书店
印　刷　涿州市星河印刷有限公司
版　次　2014年9月第1版　2014年9月第1次印刷
规　格　787×1 092　16开本　7.75印张　187千字
定　价　18.00元

编审委员会

编 写 人 员

主　编　马　兰　黑龙江农业职业技术学院
　　　　曹延明　黑龙江农业职业技术学院

副主编　范雨坤　陶氏益农(中国)有限公司
　　　　姚文秋　黑龙江农业职业技术学院

编　者　霍志军　黑龙江农业职业技术学院
　　　　赵　姝　黑龙江农业职业技术学院

总 序

黑龙江农业职业技术学院坐落在华夏东极、最佳生态环境魅力城市佳木斯市，耕耘在世界三大黑土带、美丽富饶的三江平原，融入我国发达的北大荒现代化大农业，已走过66年的办学历程。学院历经逆境求存、困境崛起、深化改革、全面跨越，取得了辉煌成就。在长期的培养实用人才、服务区域经济的实践中，我院形成了“大力发展农业职业教育不动摇、根植三江沃土不动摇和为‘三农’服务不动摇”的办学理念。我院20世纪90年代初就在农业职业教育领域率先实施模块式教学，引领全国农业教学改革。在漫漫职教路上以不断探索、深化改革、努力创新来紧跟国家导向、适应社会发展、满足人民需求。以服务为宗旨、就业为导向，不断创新办学模式；依专业创建各具特色的人才培养模式；尽心倾力服务三农，融入区域经济建设，结出人才培养、服务地方、学院发展硕果。

在人才培养、社会服务过程中，我们觉得有必要以一套教材为载体，按照行业、企业标准，依据实际生产过程组织教学内容，制定课程标准，将相关专业培养技术技能人才、服务区域经济发展及教育教学改革成果、科学研究成果有机融合，旨在提高教学效果、提升人才培养质量，提高对生产一线人员再培训的针对性、指导性和精准度，提升为“三农”服务的水平。

本套教材我们主要推介我院农学、动物科学两个分院，这两个分院的主干专业分别得到了国家财政重点建设资金的支持，也是我院骨干院校建设的重点建设专业，在教育教学改革研究与实践及为“三农”服务等方面均取得了显著成绩。

农学类专业是我院1948年建校初期就有的元老级专业，从2008年开始在农学类专业中进行“校企轮换三循环周期”人才培养模式改革，即3+3模式。配合此项改革，我们又陆续进行了课程重组、公司运营模式下的教学管理、公司绩效考核制度等项改革，效果显著，得到了企业、学生、学生家长的认同。连续多年农学专业毕业生提前一年就被用人单位全部抢定，就业率连年达到100%。

农学类专业教材围绕北方主要种植的四大农作物（水稻、大豆、玉米、马铃薯）的生产技术进行编写，包括《水稻生产流程》、《大豆生产流程》、《玉米生产流程》、《马铃薯生产流程》、《水稻植保措施及应用》、《大豆植保措施及应用》、《玉米植保措施及应用》、《马铃薯植保措施及应用》、《水稻生产与管理》、《大豆生产与管理》、《玉米生产与管理》、《马铃薯生产与管理》共12本教材，这套教材将作物栽培、植物保护、土壤肥料等知识融合为一体，使教学内容更贴近生产实际需要。每本教材包括播前准备、播种（育苗移栽）、田间管理、收获及贮藏等项目。每个项目由技术培训、技术推广和知识文库三部分组成，技术培训为教师讲解内容。技术推广主要锻炼学生查阅资料文献、自主学习、制作PPT、团队协作等方面的能力。知识文库为帮助学生进一步学习和实践，拓展知识面而设置。教材力求贴近农业生产实际，以作物为基础，以作物生产流程为主线，瞄准就业岗位群，突出职业培养能力，做到“学中做、做中学”。

畜牧兽医专业也是我院1948年建校初期设立的传统优势专业，近年来，他们坚持以提高人才培养质量建设为核心，紧密结合区域经济发展和行业进步，不断改革、创新与实践，通过深化校企合作、工学结合不断丰富自身内涵建设，在课程建设与改革，尤其是专业教材建设上取得了一系列独具特色的成果。

此次利用畜牧兽医专业列入中央财政重点支持专业和教育部重点实验实训基地建设的契机，根据学院建设骨干院校项目的统一部署，充分运用近年来专业教学改革的成果，组织了理论功底深厚、职教经验丰富的专家和生产技能纯熟的企业能工巧匠共同开发了《畜禽环境控制技术》、《动物营养与饲料配制技术》、《动物繁育技术》、《兽医实用技术》、《动物病理诊断实务》、《禽生产技术》、《猪生产技术》、《禽病防治技术》和《猪病防治技术》等九部畜牧兽医专业的校本教材。

畜牧兽医专业教材主要在以下四个方面做了有益的探索：一是教材编写突出企业属性，情境、标准、程序等紧贴或模拟企业生产实际，紧跟行业变化，重在实用；二是突出技能属性，围绕技能编写教材，重在技能培养、训练与养成，期望使学科型教材力争让位于以能力为本位的教育；三是突出地域属性，紧紧依托北方畜牧生产实际，突出解决寒地畜禽品种生产中的关键问题；四是突出多功能属性，教材既是理论讲义、实验实习指导手册，同时也具备生产指导的功用。

畜牧兽医专业教材充分贯彻了畜牧兽医行业职业岗位能力培养这一主题，以常规技术为基础，以关键技术为重点，以先进技术为导向，将素质教育、技能培养和创新实践有机地融为一体。希望通过它的出版不仅较好地满足我们及兄弟院校相关专业的教学需要，而且对北方地区畜牧兽医及其相关专业的高职高专专业建设、课程建设与改革、提高教学质量等方面也能起到积极的推动作用。

本套教材也适用于基层农业技术人员、农业生产者培训及自学。

在此还要感谢拜耳作物科学（中国）有限公司、先正达（中国）投资有限公司、陶氏益农（中国）有限公司、巴斯夫（中国）有限公司、黑龙江共青农场青林猪场、山东益生种畜禽股份有限公司、内蒙古新浩基农牧发展有限公司、北京大北农饲料科技有限公司等单位长期以来与我们密切合作、共谋职业教育，共同育人、携手发展。感谢各行业、企业的有关领导和专家对本套教材编写出版的鼎力支持。

黑龙江农业职业技术学院院长：

2014年6月13日

前　言

本教材是在中国农业大学出版社组织下编写的“3＋3”工学结合教学改革教材。在教材的编写过程中，我们贯彻“素质为本、能力为主、需要为准、够用为度”的思想，重新整合教学内容，使教材内容具有较强的针对性和可操作性，通俗易懂，对当前大豆生产特别是大豆绿色食品生产具有指导意义。

本教材以大豆生育期为主线，将大豆各生育期的栽培管理和植保措施等知识进行整合，构建教学内容，针对性、综合性更强，教材内容设计比较新颖。本教材共分5个项目：大豆播前生产准备阶段植保措施及应用、大豆播种阶段植保措施及应用、大豆生长前期管理阶段植保措施及应用、大豆生长中后期管理阶段植保措施及应用、大豆收获与贮藏阶段植保措施及应用，每个项目对应的是大豆生长的一个阶段。在每个项目中，我们设计了技术培训、技术推广和知识文库3个部分。技术培训的目的在于让学生了解和掌握该项目的主要技术内容，技术推广的主要任务是培养学生基本能够掌握专业技能，知识文库是为学生提供一个提高专业技术的知识平台，便于学生自我学习和自我提高。

教材编写过程中，在强调知识准确、内容新颖、语言简练的基础上，我们更注重突出职业技能培养。为更好地反映生产实际，我们请到了企业相关技术人员参与编写，体现教学与职业岗位理论上的“零距离对接”。

本教材由马兰、曹廷明主编，在编写的过程中得到了学校和企业的大力支持，在此表示衷心的感谢。

本教材围绕工学结合人才培养的要求，在编写形式上有了一些创新，这仅仅是一种尝试。由于编者水平有限，时间仓促，不足之处在所难免，恳请各院校师生批评指正。

编　者

2014年8月

目　录

项目一　大豆播前生产准备阶段植保措施及应用

◉ 技术培训

大豆播前生产准备阶段植保措施是选择适合茬口、选择抗性品种、种子处理及播前土壤处理。目的是减轻大豆苗期病、虫及杂草的危害，避免缺苗现象发生，提高保苗率，为大豆高产奠定基础。

一、茬口选择

选择非豆类作物玉米、亚麻、线麻等茬口，可以有效减轻胞囊线虫病、根腐病、根潜蝇、大豆根绒粉蚧、大豆食心虫等的危害；选择禾谷类作物茬口可以控制多年生恶性杂草的发生，如鸭跖草、刺儿菜、苣荬菜、问荆等；选择菌核病菌非寄主作物茬口可减轻菌核病的危害。

二、抗性品种选择

在胞囊线虫危害比较严重的地区，选种抗线1号～10号、嫩丰14、嫩丰15、嫩丰18、嫩丰19、嫩丰20号等抗胞囊线虫病品种。在菌核病危害比较严重的地区，选种垦丰19等品种。在灰斑病危害比较严重的地区，选种垦丰16号、垦丰18号、绥农22号、绥农25号等高抗灰斑病品种。在食心虫危害比较严重的地区，选种黑农35、黑农48号、黑农38号、黑农44号、黑农47号、黑农34号、黑农37号、合丰43、绥农14等高抗或抗性品种。在美国、阿根廷和巴西已种抗草甘膦大豆品种。

三、种子处理

种子处理是防治大豆苗期病、虫危害及增温、抗旱保全苗的有效措施，避免白籽下地，从而达到增产增收的目的。目前生产中防治大豆苗期病虫害最常用方法是采用35%多克福种衣剂进行种子包衣。除此还有其他防病或防虫的种衣剂。

1. 大豆种衣剂

①每100 kg种子用35%多克福种衣剂1 500 mL。防治根腐病、根潜蝇、蛴螬等，对中等以下发生大豆胞囊线虫有驱避作用。

②每100 kg种子用2.5%咯菌腈150～200 mL＋60%吡虫啉悬浮种衣剂80 mL，防治根腐病、大豆根潜蝇。

③每100 kg种子用2.5%咯菌腈悬浮种衣剂150 mL＋35%精甲霜灵种子处理浮剂20 mL。防治根腐病、大豆褐秆病。

④每100 kg种子用62.5%精甲·咯菌腈悬浮种衣剂200 mL，防治根腐病。

⑤60%吡虫啉悬浮种衣剂 50 mL 拌 12.5～15 kg 大豆种子，防治地下害虫、苗期地上害虫。

⑥每 100 kg 种子用 350 g/L 克百威悬浮种衣剂 3 000 mL，防治地下害虫、苗期地上害虫。

在拌种时加入枯草芽孢杆菌 100～150 mL 或其他芸薹内酯类植物生长调节剂，可提高幼苗抗病能力，延长控制根腐病时间。

在有大豆胞囊线虫的地块可用种子量 2%淡紫拟青霉菌菌剂拌种，同时兼防根腐病。

2. 种子包衣方法

种子经销部门一般使用种子包衣机械，统一进行包衣，供给包衣种子。如果买不到包衣种子，农户也可购买种衣剂进行人工包衣。方法是用装肥料的塑料袋，装入 20 kg 大豆种子，同时加入 300 mL 大豆种衣剂，扎好口后迅速滚动袋子，使每粒种子都包上一层种衣剂，装袋备用。或用拌种器或用塑料薄膜按比例加入大豆种子和大豆种衣剂进行包衣。

3. 种子包衣的作用

第一，能有效地防治大豆苗期病虫害，如第 1 代大豆胞囊线虫、大豆根腐病、大豆根潜蝇、大豆蚜虫、二条叶甲等。因此可以缓解大豆重迎茬减产现象。第二，促进大豆幼苗生长。特别是重迎茬大豆幼苗，由于微量元素营养不足致使幼苗生长缓慢，叶片小，使用种衣剂包衣后，能及时补给一些微肥，特别是含有一些外源激素，能促进幼苗生长，幼苗油绿不发黄。第三，增产效果显著。大豆种子包衣提高保苗率，减轻苗期病虫害，促进幼苗生长，因此能显著增产。如绥化市在兴福乡试验，重茬地增产 18.4%～24.9%。

4. 使用种衣剂注意事项

第一，无论用哪种包衣方法一定要做到粒粒种子均匀着色后才能出料。第二，正确掌握用药量，用药量大，不仅浪费药剂，而且容易产生药害，用药量少又降低效果。一般要依照厂家说明书规定的使用量(药种比例)。第三，使用种衣剂处理的种子不许再采用其他药剂拌种。第四，种衣剂含有剧毒农药，注意防止农药中毒(包括家禽)，注意不与皮肤直接接触，如发生头晕恶心现象，应立即远离现场，重者应马上送医院抢救。第五，包衣后的种子必须放在阴凉处晾干，并不要再搅动，以免破坏药膜。

四、春季播前土壤处理

大豆播种前 5～7 d，进行播前喷药防治杂草。边喷边顺耙，待全田喷完药后，再立即垂直或斜向耙一遍，机车速度 6 km/h 以上，耙深 10～15 cm 耙深尽量深些，耙后再起垄，注意不要把无药土层翻上来。

选择不易挥发、飘移的除草剂，如精异丙甲草胺、异丙甲草胺、异丙草胺、乙草胺、异噁草松、嗪草酮、唑嘧磺草胺、丙炔氟草胺等，两混、三混或混合制剂。岗地、水分少可偏高；低洼地、水分好可偏低；有明草时可选用草甘膦、百草枯防除。

部分参考配方如下(每公顷用药量)：

①90%乙草胺 1 800～2 250 mL＋50%丙炔氟草胺 120～180 g。

②90%乙草胺 1 800～2 200 mL＋48%异噁草松 800～1 000 mL。

③90%乙草胺 1 800～2 250 mL＋80%唑嘧磺草胺 48～60 g。

④90%乙草胺 1 800～2 200 mL＋50%丙炔氟草胺 120～180 g＋75%噻吩磺隆 15～20 g。

⑤90%乙草胺 1 800～2 200 mL＋50%丙炔氟草胺 75～90 g＋48%异噁草松 800～1 000 mL。

⑥96%精异丙甲草胺 1 200～2 100 mL＋50%丙炔氟草胺 120～180 g。

⑦96%精异丙甲草胺 1 200～2 100 mL＋48%异噁草松 800～1 000 mL。

⑧96%精异丙甲草胺 1 500～2 000 mL＋75%噻吩磺隆 20～30 g＋48%异噁草松 800～1 000 mL。

⑨96%精异丙甲草胺 1 500～2 000 mL＋70%嗪草酮 300～400 g＋48%异噁草松800～1 000 mL。

⑩96%精异丙甲草胺 1 500～2 000 mL＋50%丙炔氟草胺 75～90 g＋48%异噁草松 800～1 000 mL。

五、大豆苗期病虫害

(一)大豆根腐病

大豆根腐病在黑龙江省各地均有发生，其中以东北部地区发生最严重。

(1)症状识别　大豆根腐病是由镰刀菌、丝核菌和腐霉菌等多种病菌侵染而引起的，以土壤带菌为主。不同病菌引起的病害症状不尽相同，但共同点是根部腐烂。

(2)防治方法　使用含有多菌灵、福美双、咯菌腈、精甲霜灵成分的种衣剂进行种子处理。

(二)大豆胞囊线虫病

大豆胞囊线虫病俗称“火龙秧子”，在黑龙江省主要发生在西部风沙土和盐碱土地区，其次是三江平原地区。大豆胞囊线虫病主要危害根部。

(1)症状识别　须根上附有大量白色至黄白色的球状物，病株明显矮化，叶片褪绿变黄。受害严重的植株，早期落叶，结荚少或不结荚，籽粒不饱满，质量差。

(2)防治方法　最好方法是实行 3～5 年以上的轮作；可以选用 35%、30%多克福种衣剂包衣；可以选用抗病品种。

(三)蛴螬

蛴螬是鞘翅目，金龟甲总科幼虫的总称，主要有东北大黑鳃金龟、暗黑鳃金龟、铜绿丽金龟、黑绒金龟子等。主要为害豆类、玉米、麦类、薯类、花生等农作物和蔬菜、果树、林木的种子、幼苗及根茎等。

(1)被害状识别　东北大黑金龟成虫喜食大豆叶片，幼虫咬食大豆根部，其深度多在 4～5 cm 以下，一头幼虫可连续咬断或咬伤数株幼苗，幼苗断口整齐，造成缺苗断条。

(2)防治方法　用 35%多克福种衣剂按种子重量的 1.0%～1.5%进行包衣处理或用60%吡虫啉悬浮种衣剂包衣等。

(四)大豆根潜蝇

大豆根潜蝇又名大豆潜根蝇、大豆根蛇潜蝇、大豆根蛆等。属双翅目，花蝇科，是我国北方大豆主产区的重要害虫，只取食大豆和野生大豆。

(1)被害状识别　大豆潜根蝇以幼虫潜入大豆幼苗根部皮下蛀食，被害根变粗、变褐，或纵裂或畸形增生成肿瘤，根瘤及侧根减少，根皮腐烂，受害严重的植株枯死。

(2)防治方法　用 35%多克福种衣剂按种子重量的 1.0%～1.5%进行包衣处理，田间喷药防治成虫。

技术推广

一、任务

向农民推广大豆播前生产准备阶段植保措施及应用技术。

二、步骤

(1)查阅资料　学生可利用相关书籍、期刊、网络等查阅大豆播前生产准备阶段植保措施及应用,为制作 PPT 课件准备基础材料。

(2)制作技术推广课件　能根据教师的讲解,利用所查阅资料,制作技术推广课件。要求做到内容全面、观点正确、图文并茂等。

(3)农民技术推广演练　课件做好后,以个人练习、小组互练等形式讲解课件,做到熟练、流利讲解。

三、考核

先以小组为单位考核,然后由教师每组选代表进行考核。

知识文库

知识文库 1　合理轮作可以减轻大豆病虫草害

大豆与非豆类作物玉米、亚麻、线麻等轮作,可以有效降低胞囊线虫病、根腐病、根潜蝇、蛴螬、大豆根绒粉蚧、大豆食心虫、细菌性斑点病等危害;与禾谷类作物轮作可以控制多年生恶性杂草的发生,如鸭跖草、刺儿菜、苣荬菜、问荆等;大豆与菌核病菌非寄主作物轮作可降低菌核病的危害。

知识文库 2　种衣剂含义及操作过程

种衣剂是由农药原药(杀虫剂、杀菌剂等)、肥料、生长调节剂、成膜剂及配套助剂经特定工艺流程加工制成的,可直接或经稀释后包覆于种子表面,形成具有一定强度和通透性的保护层膜的农药制剂。

大豆种衣剂用量为大豆种子总重量 1.0%～1.5%或按说明书用量使用,调整好拌种器或种衣剂包衣机的转动速度,准确计算和称量种子投入量和种衣剂用量。先将种子倒入拌种器或种子包衣机中,再倒入种衣剂,要立即搅拌,搅拌速度要均匀,待每粒种子均匀着色时即可出料。

知识文库 3 使用土壤封闭除草剂要注意精细整地

整地质量差，地表有秸秆残株和大土块会影响除草剂分布，无法形成均匀完整的药层，同时加重了除草剂的挥发和光解，影响药效。

多年生杂草多的地块最好进行秋翻，把多年生杂草的地下茎、块根等翻出、切碎，冬天可冻死一部分。不能将施药后的耙地混土代替施药前的整地。

知识文库 4 大豆根腐病

大豆根部腐烂统称为根腐病（图 1-1）。该病在国内外大豆产区均有发生，以黑龙江省东部土壤潮湿地区发生最重。一般年份大豆生育前期（开花期以前）病株率为 75%左右，病情指数为 35%～50%，多雨年份病株率可达 100%，病情指数可达 60%以上。由于根部腐烂，侧根减少，根瘤数量明显减少，导致植株高度下降，株荚数和株粒数显著减少，粒重和百粒重显著下降，减产 20%～50%。

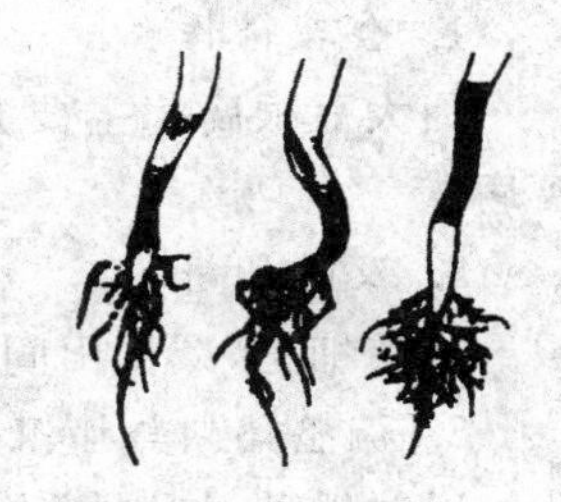

图 1-1 大豆根腐病为害状

一、症状

大豆根腐病由多种病原菌感染，有单独侵染，也有复合侵染的。感病部分为根部和茎基部。不同病原菌引起的症状各有不同（表 1-1）。

表 1-1 不同病原菌引起的根腐病症状

症状	病斑颜色	病斑形状	其他特征	备注
镰刀菌根腐病症状	黑褐色病斑	病斑多为长条形	不凹陷，病斑两端有延伸坏死线	
丝核菌根腐病症状	褐色至红褐色病斑	不规则形	常连片形成，病斑凹陷	
腐霉菌根腐病症状	无色或褐色的湿润病斑	病斑常呈椭圆形	略凹陷	

诊断要点：主根与茎基部，形成褐色、黑褐色椭圆形、长条形或不规则形病斑，稍凹陷或不凹陷，继而形成绕茎大病斑。

二、病原

大豆根腐病是由多种病原菌侵染引起的。镰孢属有尖孢镰孢菌、燕麦镰孢菌、禾谷镰孢菌、茄腐镰孢菌和半知菌亚门中的立枯丝核菌及鞭毛菌亚门的终极腐霉菌。另外还有紫青霉菌、疫霉菌等。

三、发病规律

大豆根腐病属于典型的土传病害。病菌以菌丝或菌核在土壤中或病组织上越冬，还可以在土壤中腐生，土壤和病残体是主要的初侵染来源。大豆种子萌发后，在子叶期病菌就可以侵入幼根，以伤口侵入为主，自然孔口和直接侵入为辅。病菌可以靠土壤、种子和流水传播。

连作发病重；播种早，发病重；土壤含水量大，特别是低洼潮湿地，发病重；土壤含水量过低，旱情时间长或久旱后突然连续降雨，病害愈重；一般氮肥用量大，使幼苗组织柔嫩，病害重；一般根部有潜根蝇为害，有利病害发生，虫株率愈高发病愈重；某些化学除草剂因施用方法和剂量不当，也加重了根腐病的发生。病原菌的寄主范围很广，可侵染70余种植物。

四、防治方法

大豆根腐病菌多为土壤习居菌，且寄主范围广，因此必须采取农业措施防治与药剂防治相结合的综合防治措施。

1. 合理轮作

因大豆根腐病主要是土壤带菌，与玉米、小麦、线麻、亚麻种轮作能有效的预防大豆根腐病。

2. 及时翻耕

平整细耙，减少田间积水，使土壤质地疏松，透气良好，可减轻根腐病的发生。

3. 调整播期与播深

适时播种，控制播深。一般播深不要超过5 cm，以增加幼苗的生长速度，增强抗病性。

4. 加强田间管理

大豆发生根腐病，主要是根的外表皮完全腐烂影响对水分、养分的吸收，因此及时中耕培土到子叶节能使子叶下部长新根，使新根迅速吸收水分和养分，缓解病情，这是治疗大豆根腐病的一项有效措施。

5. 种衣剂处理种子

使用含有多菌灵、福美双、咯菌腈、精甲霜灵等的种衣剂，不同种衣剂防治大豆根腐病药效的差异见表1-2。目前黑龙江省主要的大豆种衣剂大多数都是多菌灵、福美双、克百威的复配剂，建议使用35%、30%的大豆种衣剂，一定要选择多菌灵、福美双含量高的种衣剂品种。上述杀菌剂有效期25～30 d或更长，可推迟根腐病菌侵染，达到保主根、保幼苗、减轻危害的作用。因为大豆根腐病病菌在土壤里，所以发病后在叶片喷施各种杀菌剂一般没有明显效果，应改为喷施叶面肥、植物生长调节剂等，增加茎叶吸收，补充根部吸收水分和养分的不足，可能效缓解病情。

还可选用2.5%咯菌腈种衣剂，杀菌范围广，有效期达到60 d以上(从大豆发芽开始直到生长的中后期仍能侵染发病，因此，杀菌剂有效期至少60 d以上)，防治大豆根腐病效果显著。重茬大豆地发生严重的，可推荐下列配方：

每100 kg大豆种子用2.5%咯菌腈150～200 mL＋益微100～150 mL。

每100 kg大豆种子用35%多克福1500 mL＋益微100～15 mL。

每100 kg大豆种子用2.5%咯菌腈150～200 mL＋35%甲霜灵20 mL＋益微100～150 mL。

每100 kg大豆种子用35%多克福1 500 mL＋35%甲霜灵20 mL＋益微100～150 mL。

每 100 kg 种子用 62.5%精甲·咯菌腈悬浮种衣剂 200 mL。

对大豆根腐病的防治也可以用 50%多菌灵可湿性粉剂和 50%福美双可湿性粉剂按 1∶1 混匀，混合剂按种子重量的 0.4%拌种，以聚乙烯醇作黏着剂进行拌种，防效较好。

表 1-2　不同种衣剂防治大豆根腐病药效

项目	咯菌腈	精甲霜灵	咯菌腈＋精甲霜灵	宁南霉素	35%多克福	35%多克福＋枯草芽孢杆菌
尖孢镰刀菌芬芳变种	＋	—	＋	＋	＋	—
禾谷镰刀菌	＋	—	＋	＋	＋	＋
茄腐镰刀菌	＋	—	＋	＋	＋	＋
燕麦镰刀菌	＋	—	＋	＋	＋	—
终极腐霉菌	—	＋	＋	＋	＋	＋
立枯丝核菌	＋	—	＋	—	＋	＋
褐秆病	—	＋	＋	＋	—	—
紫青霉菌	—	—	—	—	—	—
有效期/d	>70	25～30	25～30	25～30	25～30	50～60

注：＋有防治效果；—无防治效果或防治效果差。

知识文库 5　大豆胞囊线虫病

大豆胞囊线虫病俗称“火龙秧子”，在全国各地增均有发生。该病是我国目前大豆发生最普遍、危害最严重的一种病害。尤其在吉林、黑龙江等省的干旱地带发生较重，一般减产 10%～20%，重者可达 30%～50%，甚至绝产。

一、症状

大豆胞囊线虫病(图 1-2)主要为害大豆根部，在大豆整个生育期均可发生为害。幼苗期根部受害，地上部叶片黄化，茎部也变淡黄色，生长受阻；大豆开花前后植株地上部的症状最明显，病株明显矮化，根系不发达并形成大量须根，须根上附有大量白色至黄白色的球状物，即线虫的胞囊(雌成虫)；后期胞囊变褐，脱落于土中。病株根部表皮常被雌虫胀破，被其他腐生菌侵染，引起根系腐烂，使植株提早枯死。结荚少或不结荚，籽粒小而瘪，病株叶片常脱落。在田间，因线虫在土壤中分布不均匀，常造成大豆被害地块呈点片发黄状。

诊断要点：须根上附有大量白色至黄白色的球状物，病株明显矮化，叶片褪绿变黄。

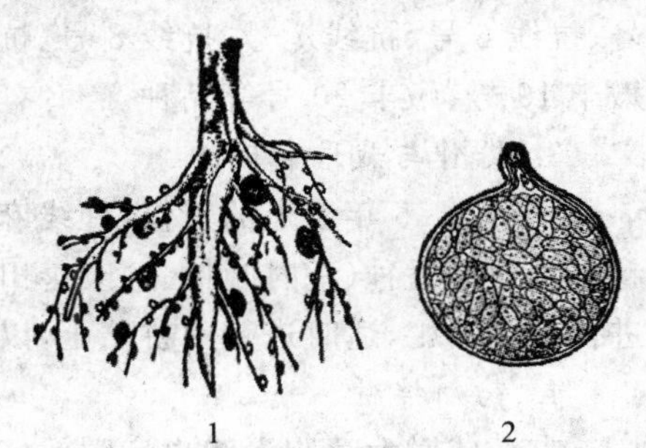

图 1-2　大豆胞囊线虫病

1. 病株根部　2. 胞囊

二、病原

大豆胞囊线虫 *Heterodera glycines* Ichinohe，属线

型动物门，线虫纲，异皮科，异皮线虫属(又称胞囊线虫属)。大豆胞囊线虫病的生活史包括卵期、幼虫期、成虫期3个阶段。卵在雌虫体内形成，贮存于胞囊中。幼虫分4龄，蜕皮3次后变为成虫。1龄幼虫在卵内发育；2龄幼虫破壳而出，雌雄线虫均为线状；3龄幼虫雌雄可辨，雌虫腹部膨大成囊状，雄虫仍为线状；4龄幼虫形态与成虫相似。雄成虫线状，雌成虫梨形。

三、发病规律

大豆胞囊线虫主要以胞囊在土壤中越冬，或以带有胞囊的土块混在种子间也可成为初侵染源。胞囊的抗逆性很强，侵染力可达8年。线虫在田间主要通过田间作业的农机具、人和畜携带胞囊或含有线虫的土壤传播，其次为灌水、排水和施用未充分腐熟的肥料。线虫在土壤中本身活动范围极小，1年只能移动30～65 cm。混在种子中的胞囊在贮存的条件下可以存活2年。种子的远距离调运传播是该病传到新区的主要途径，鸟类也可远距离传播线虫，因为胞囊和卵粒通过鸟的消化道仍可存活。

胞囊中的卵在春季气温转暖时开始孵化为1龄幼虫，2龄幼虫破卵壳进入土壤中，雌性幼虫从根冠侵入寄主根部，4龄后的幼虫就发育为成虫。雌虫体随着卵的形成而膨大呈柠檬状称为胞囊，即大豆根上所见的白色或黄白色的球状物。发育成的雌成虫重新进入土中自由生活，性成熟后与雄虫交尾。后期雌虫体壁加厚，形成越冬的褐色胞囊。

大豆胞囊线虫东北地区每年发生3～4代。大豆胞囊线虫在轮作地发病轻，连作地发病重；种植寄主植物在有线虫的土壤中，线虫数量明显增加；而种非寄主作物，线虫数量就急剧下降；通气良好的沙壤土、沙土或干旱瘠薄的土壤有利于线虫生长发育；氧气不足的黏重土壤，线虫死亡率高；线虫更适于在碱性土壤中生活。使土壤中线虫数量急剧下降的有效措施就是与禾本科作物轮作。这是因为禾谷类作物的根能分泌刺激线虫卵孵化的物质，使幼虫从胞囊中孵化后找不到寄主而死亡。

四、防治方法

1. 检疫

杜绝带胞囊线虫病的种子进入无病区。

2. 选择抗病品种

不同品种间对胞囊线虫的抗病性有显著差异，采用抗病品种是最经济有效的措施，目前适合黑龙江省种植的抗大豆胞囊线虫病品种有抗线1号、抗线2号、抗线3号、抗线4号、抗线5号、抗线6号、抗线7号、抗线8号、抗线9号、抗线10号、嫩丰14号、嫩丰15号、嫩丰18号、嫩丰19号、嫩丰20号等品种。

3. 轮作与栽培管理

实行3～5年以上的轮作，种线麻、亚麻最好，其次是玉米茬种大豆。轮作年限越长，效果越好。适期播种(适时晚播)。改善田间环境，采取垄作，进行深松。增施有机肥、磷肥和钾肥，进行叶面喷肥，适时进行中耕培土，以利于侧生根形成。

4. 药剂拌种

克百威对大豆胞囊线虫病防效好，可以选用35%、30%含克百威的种衣剂，用于防治大豆胞囊线虫的种衣剂克百威含量不能低于药剂总含量的10%。药剂拌种，可有效抑制第1代大豆胞囊线虫，并可兼治大豆根潜蝇、蛴螬等地下害虫。

5. 生物防治

大豆播种时淡紫拟青霉菌颗粒剂用量 25 kg/hm^2 同其他化学肥料混合施入土壤,30 d 内防治效果比克百威差,30 d 后效果超过克百威,胞囊线虫数量明显减少。

知识文库 6　大豆疫霉根腐病

大豆疫霉根腐病又名大豆褐秆病、大豆疫霉病、大豆疫病等,是重要植物检疫对象,是为害美国大豆生产重要的病害之一,高感品种受害几乎绝产。大豆疫病是大豆的毁灭性病害,对大豆的专性寄生性很强。该病最早于 1948 年在美国印第安纳州东北部发现,以后相继在澳大利亚、加拿大、日本等地发现,中国黑龙江省也发现此病。

一、症状

大豆疫霉根腐病出苗前引起种子腐烂,出苗后幼苗茎基部下胚轴变褐、变软呈水渍状,叶片变黄,植株枯萎、死亡。大豆成株期受害往往在分枝基部发病,出现黑褐色病斑,病株茎髓部变褐色或成空心,皮层和维管束组织坏死,叶片下垂凋萎但不脱落。受害植株最初上部叶片变黄,很快失绿枯萎,随后整株枯萎死亡。

二、病原

大豆疫霉根腐病病原为大豆疫霉 *Phytophthora sojae* (Kaufmann and Gerdemann)属于鞭毛菌亚门,疫霉属。

三、发病规律

该病为典型的土传病害。初侵染主要来源于土壤中大豆病根、病残体上的卵孢子。大豆疫霉菌以卵孢子可存活 5～10 年以上。大豆种子萌发后,在子叶期病菌就可以侵入幼根。

卵孢子萌发产生游动孢子囊,当土壤被水饱和或被水淹,游动孢子囊释放游动孢子产生初次侵染。游动孢子囊也可以在被侵染的大豆根表形成,产生再次侵染源。但大豆苗期最感病,随着植株生长发育,大豆抗病性也随之增强。该病的发生与流行主要决定于品种的抗病性、土壤湿度、栽培方法和耕作制度等。田间长期积水常发病重。

四、防治方法

1. 农业防治

选用抗病、耐病品种;采取耕作栽培措施避免田间积水;适期播种,保证播种质量;合理密植,及时中耕,增加植株通风透光。

2. 化学防治

每 100 kg 种子用 2.5％咯菌腈悬浮种衣剂 150 mL 加 20％精甲霜灵拌种剂 20 mL 进行拌种处理。

3. 加强检疫

因为大豆疫霉病在我国仅局部地区发生，病菌可随种子远距离传播，各地要做好种子调运的检疫工作，防止其传播蔓延。

知识文库 7 地下害虫发生为害特点

一、适宜发生于旱作地区

就全国而言，地下害虫主要发生于我国北方地区或南方以旱作农业为主的地区，常是许多地方农业生产中常发性的关键害虫，如不及时防治就会猖獗成灾。

二、寄主种类多

各种作物、蔬菜、果树、林木、牧草等的幼苗和播下的种子都可受害。

三、生活周期长

主要地下害虫如蛴螬、金针虫、蝼蛄和拟地甲等，一般少则 1 年 1 代，多数种类 2～3 年发生 1 代。

四、与土壤关系密切

土壤为地下害虫提供了栖居、保护、食物、温度、空气等必不可少的生活条件和环境条件，土壤的理化性状对地下害虫的分布和生命活动有直接的影响，是地下害虫种群数量消长的决定性因素之一。

五、为害时间长，防治比较困难

地下害虫从春季到秋季，从播种到收获，为害期贯穿整个作物生长季节，加之其在土壤中潜伏为害，不易及时发现，因而增加了防治上的困难。

知识文库 8 地下害虫为害方式

蛴螬、金针虫、拟地甲、根蛆等长期在土壤中生活，主要为害植物地下部分的种子、根、茎、块根、块茎、鳞茎等；地老虎等幼虫白天生活在土中，夜出近地面上为害作物的地上部分；蝼蛄、油葫芦等成虫和若虫对作物的地上或地下部均为害。

知识文库 9 蛴螬

蛴螬是鞘翅目，金龟甲总科幼虫的统称，是地下害虫中种类最多、分布最广、危害最大的一个类群。主要有东北大黑鳃金龟 *Holotrichiadiomphalia*（Bates）、暗黑鳃金龟 *H. parallela*（Motschulsky）、铜绿丽金龟 *Anomala corpulenta*（Motschulsky）、黄褐丽金龟 *A. exoleta*（Faldermann）等。

东北大黑鳃金龟（图 1-3）主要分布于东北三省，是东北旱粮耕作区的重要地下害虫。蛴螬主要为害豆类、玉米、麦类、薯类、花生、甜菜等农作物和蔬菜、果树、林木的种子、幼苗及根茎等。蛴螬始终在地下为害，咬断幼苗根茎，断口整齐，使幼苗枯死，造成缺苗断垄甚至毁种；蛀食薯类、甜菜的块茎、块根，影响产量和品质，而且容易引起病菌侵染，造成腐烂。成虫主要取食叶片，尤喜食大豆、花生及各种果树、林木叶片，有些种类还为害果树的嫩芽、花和果实。

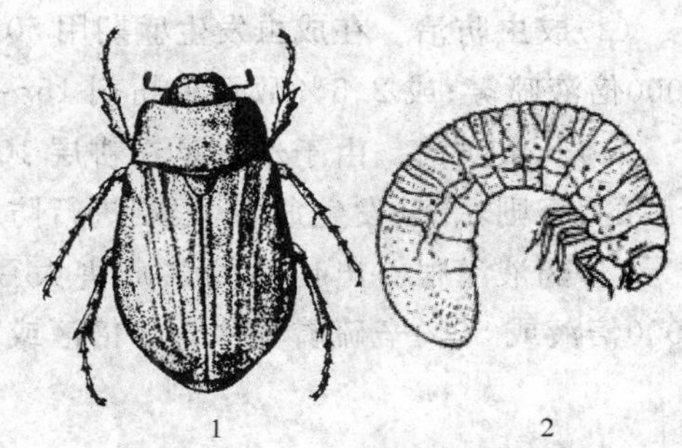

图 1-3 东北大黑鳃金龟

1.成虫 2.幼虫

一、形态识别

蛴螬成虫身体坚硬，前翅为鞘翅，触角鳃叶状，前足胫节发达有齿，适于掘土。幼虫寡足型，头部黄褐色，体肥色白，常弯曲成“C”形，胸足发达，腹足退化。蛹为裸蛹。

二、发生规律

蛴螬（东北大黑鳃金龟）在黑龙江省大多是 2 年完成 1 个世代。分别以幼虫、成虫越冬，越冬的成虫 5 月下旬始见，6 月上中旬为出土活动盛期，7 月上中旬为产卵盛期，一般 8 月底至 9 月下旬进入 3 龄并越冬。越冬幼虫第 2 年 6 月中下旬是为害盛期。7 月中下旬化蛹，蛹期平均 21.5 d，羽化的成虫当年不出土，直到翌年的 5 月下旬，才开始出土活动。以成虫越冬为主的年份，次年春季受害轻，夏秋受害重，因此有“大小年”之分。

蛴螬成虫昼伏夜出，日落后开始出土，21 时是出土取食、进入交配高峰，22 时以后活动减弱，午夜以后相继入土潜伏。成虫有假死性，性诱现象明显，趋光性不强。成虫对食物有选择性，喜食大豆叶、洋蹄草及榆树叶等。成虫可多次交配，分批产卵，交配后 10～25 d 开始产卵，每雌产卵量平均 102 粒。初孵幼虫先将卵壳吃掉，并开始取食土中腐殖质，以后取食各种作物、苗木、杂草的地下部分，3 龄幼虫食量最大，1 头 3 龄幼虫，在 10 d 内可连续咬死大豆幼苗 80 余株。幼虫分 3 龄，全部在土壤中度过，一年中随土壤温度变化而上下迁移。以 3 龄幼虫历期最长，危害最重。幼虫具假死性，常沿垄向移动。

三、防治方法

1. 农业防治

深翻耙茬，使幼虫冻死、晒死或被天敌捕食。

2. 药剂防治

目前常规防治手段为种子处理，兼防根部病害。

(1)种子处理　大豆种衣剂以35%多克福种衣剂为主，按大豆种子重量的1.0%～1.5%拌种。

(2)成虫防治　在成虫发生盛期用50%辛硫磷乳油1 000～2 000倍液或90%敌百虫800～1 000倍液喷雾；或2.5%敌百虫粉剂15～25 kg/hm^{2}喷粉。

(3)幼虫防治　由于幼虫是在耕层10 cm内咬食幼苗根部，必须在播种前施药才能达到防治目的，否则，一旦发生危害，很难进行防治。

(4)药液灌根　出苗后幼虫危害大豆地块，用90%晶体敌百虫或80%敌敌畏乳油稀释1 000倍液或50%辛硫磷乳油500倍液或40%毒死蜱乳油1 500倍液灌根。

知识文库10　蝼蛄类

蝼蛄(图1-4)属直翅目、蝼蛄科，为害严重的有东方蝼蛄 *Gryllotalpa orientalis* (Golm)和华北蝼蛄 *G. unispina* (Saussure)。东方蝼蛄在国内南、北各省都有分布，是农田的优势种群，黑龙江省的蝼蛄也以此种为主；华北蝼蛄分布于长江以北各省，直至新疆、内蒙古和黑龙江。

蝼蛄的食性很杂，包括各种粮食作物、薯类、棉、麻、甜菜、烟草、各种蔬菜以及果树、林木的种子和幼苗。蝼蛄以成虫和若虫在土中咬食各种作物种子，特别是刚发芽的种子；也咬食幼根

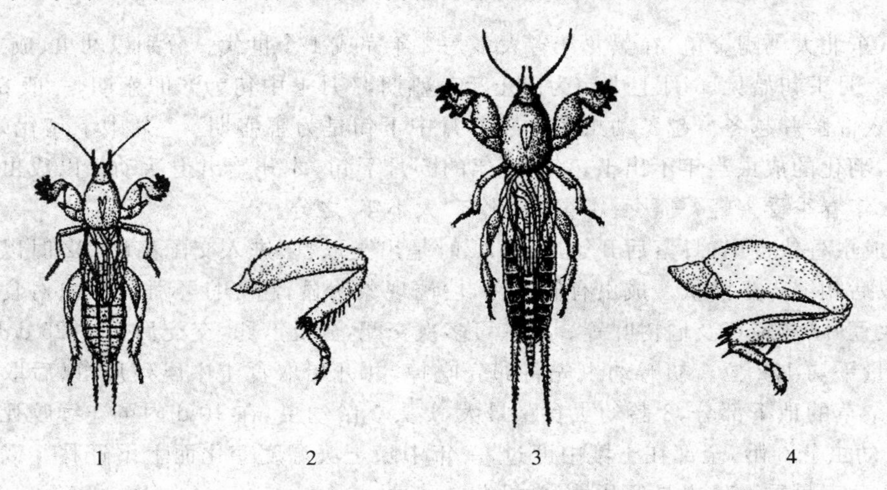

图1-4　蝼蛄(仿丁锦华等《农业昆虫学》)

1. 东方蝼蛄　2. 东方蝼蛄后足　3. 华北蝼蛄　4. 华北蝼蛄后足

和嫩茎，造成缺苗断垄。咬食幼根和嫩茎时，扒成乱麻状或丝状，使幼苗生长不良甚至死亡。特别是蝼蛄在土壤表层善爬行，往来乱窜，隧道纵横，造成种子架空、幼苗吊根，导致种子不能发芽，幼苗失水而枯死，损失非常严重。俗语“不怕蝼蛄咬，就怕蝼蛄跑”就是这个道理。在温室、温床、大棚和苗圃地，由于温度高，活动早，小苗集中，因而受害更重。

一、形态特征

蝼蛄成虫头小，触角丝状，体色呈黄褐色或灰褐色；前胸背板发达呈卵圆形；生有一对强大粗短的开掘足；前翅短，仅达腹部的一半，后翅扇形，长大，折叠于前翅之下，超过腹部末端；有一对较长的尾须。若虫与成虫相似。2 种蝼蛄成虫形态特征的主要区别见表 1-3。

表 1-3　2 种蝼蛄成虫形态特征的主要区别

项目	华北蝼蛄	东方蝼蛄
体长	39～50 mm	30～35 mm
体色	黄褐色	灰褐色
腹部	近圆筒形	近纺锤形
后足	胫节背面内缘有刺 1～2 根	胫节背面内缘有刺 3～4 根

二、生活史与习性

1. 生活史

华北蝼蛄生活史较长，约 3 年完成 1 代。东方蝼蛄在华北、东北和西北地区约 2 年完成 1 代。两种蝼蛄均以成、若虫在冻土层以下和地下水位以上的土层中越冬。次年春天随气温回升，开始上升到表土层活动，形成一个个新鲜的虚土堆(东方蝼蛄)或 10 cm 长虚土隧道(华北蝼蛄)，这是春季挖洞灭虫和调查虫口密度的有利时机。地表出现大量弯曲的隧道，标志着蝼蛄已出窝为害，这是结合春播拌药和撒毒饵保苗的关键时期。春播作物苗期，蝼蛄活动为害最为活跃，形成一年中的春季为害高峰，也是第 2 次施药保苗的关键时期。天气炎热，蝼蛄潜入 14 cm 以下土层中产卵越夏。秋播作物播种和幼苗期，大批若虫和新羽化的成虫又上升到地表为害，形成秋季为害高峰。天气转冷，成、若虫陆续潜入深土层越冬。

2. 习性

(1)活动规律　昼伏夜出，21:00～23:00 时为活动取食高峰。

(2)产卵习性　对产卵地点有严格地选择性。东方蝼蛄喜欢潮湿，多集中在沿河两岸、池埂和沟渠附近产卵。华北蝼蛄多在轻盐碱地内缺苗断垄、无植被覆盖的干燥向阳地、地埂畦堰附近或路边、渠边和松软的油渍状土壤里产卵，而禾苗茂密、郁蔽之处产卵少。

(3)群集性　初孵若虫均有群集性。华北蝼蛄若虫 3 龄后才分散为害；东方蝼蛄初孵若虫 3～6 d 后分散为害。

(4)趋性　具强烈的趋光性，利用黑光灯，特别是在无月光的夜晚，可诱到大量成虫。蝼蛄有趋化性，对香、甜等类物质的趋性很强，特别嗜食煮至半熟的谷子、棉籽、炒香的豆饼、麦麸等，因此可制毒饵来进行诱杀。此外，蝼蛄对马粪、有机肥等未腐熟的有机物有趋性，可利用粪肥诱杀。蝼蛄还有趋湿性，喜栖息于河边渠旁，菜园地及轻度盐碱地。适当的降雨后常出现蝼蛄活动高峰，田间隧道大增。

三、发生与环境的关系

1. 虫口密度与土壤类型

土壤类型极大地影响着蝼蛄的分布和密度。盐碱地虫口密度大，壤土地次之，黏土地最小。水浇地的虫口密度大于旱地，这是因为前者土质松软，保温保湿性能良好，昼夜温差小，适于蝼蛄生活。两种蝼蛄均喜湿润尤为突出，故水浇地虫口密度高于旱地。

2. 发生为害与前茬作物的关系

前茬作物是蔬菜、甘蓝、薯类等作物时，蝼蛄虫口密度大。这是因为菜园地、甘薯地土壤湿润、疏松，且有机质丰富，既适于蝼蛄栖息，又便于取食。靠近村庄的地比远离村庄的地块蝼蛄多，这是村中灯光招引所致。

3. 活动规律与温度的关系

蝼蛄的活动受气温和土温的影响很大。在早春当旬平均气温上升至 2.3℃，20 cm 处土温亦达 2.3℃时，地面开始出现两种蝼蛄的新鲜虚土隧道。当气温达 11.5℃，土温 9.7℃时，地面呈现大量虚土隧道。当夏季气温达 23℃时，2 种蝼蛄则潜入较深层土中，一旦气温降低，又上升至耕作层。所以，在 1 年中可以形成春、秋 2 个为害高峰时期，即在春、秋两季，气温和土温均达 16～20℃时，是蝼蛄的两个猖獗为害时期。当秋季气温下降至 6.6℃、土温降至 10.5℃时，成虫和若虫又潜回到土壤深处开始越冬，越冬深度是在当地地下水位以上和冻土层以下。

知识文库 11　金针虫类

金针虫(图 1-5)是鞘翅目，叩头甲科幼虫的总称，是重要的地下害虫，世界各地都有分布。为害严重的有细胸金针虫 *Agriotes fuscicollis* (Miwa)、宽背金针虫 *Selatosomus latus* (Fabricius)、沟金针虫 *Pleonomus canaliculatus* (Faldermann)等。在黑龙江还有兴安金针虫 *Harminiusdahuricus* (Motschulsky)等。

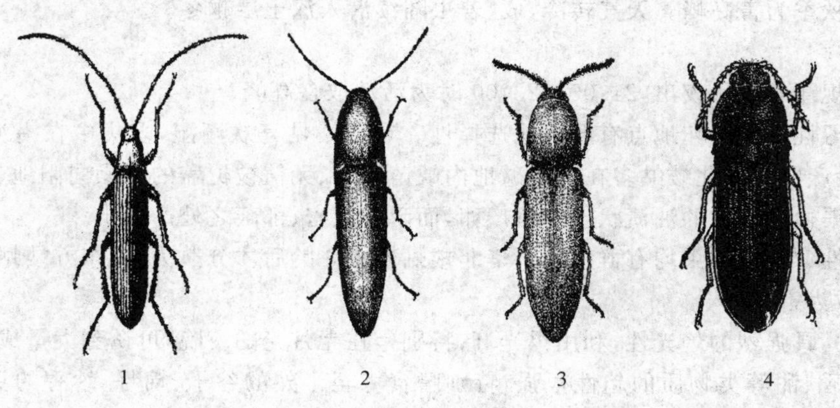

图 1-5　金针虫(仿华南农学院《农业昆虫学》等)

1. 沟金针虫　2. 细胸金针虫　3. 褐纹金针虫　4. 宽背金针虫

金针虫的成虫(叩头虫)在地面以上活动时间不长,只取食一些禾谷类和豆类等作物的嫩叶,为害不严重。而幼虫长期生活于土壤中,食性很杂、为害各种作物、蔬菜和林木,咬食播下的种子,伤害胚乳使之不能发芽;咬食幼苗须根、主根或地下茎,使之不能生长甚至枯萎死亡。一般受害苗主根很少被咬断,被害部位不整齐,呈丝状,这是金针虫为害后造成的显著特征之一。此外,还能蛀入块茎或块根,有利于病原菌的侵入而引起腐烂。

一、形态特征

金针虫成虫多暗色,体狭长,末端尖削,略扁。当虫体被压住时,头和前胸能做叩头状的活动。触角多锯齿状。幼虫体细长,圆柱形,略扁,体壁光滑坚韧,头和末节特别硬。

1. 细胸金针虫

(1)成虫　体长 8～9 mm,宽约 2.5 mm。体细长暗褐色,略具光泽,密被灰色茸毛。触角红褐色,第 2 节球形。前胸背板略呈长形,长大于宽。鞘翅长约为胸部的 2 倍,上有 9 条纵列刻点,足赤褐色。

(2)幼虫　老熟幼虫体长约 23 mm,宽约 1.3 mm,呈细长圆筒形,淡黄色有光泽。腹部尾节圆锥形,末端不分叉,背面近前缘两侧各有 1 褐色圆斑,并有 4 条褐色纵纹。

2. 宽背金针虫

(1)成虫　体粗短宽厚,雌虫长 10.5～13.1 mm,雄虫长 9.2 ～12 mm,宽约 4 mm,头上有粗大点刻,触角短,端部不达前胸背板基部,从第 4 节起略呈锯齿状,第 3 节比第 2 节长 2 倍。前胸背板横宽,侧缘具有翻卷的边饰,向前呈圆形变狭,有密而大的刻点。后角向后延伸,有明显的脊状突起。鞘翅宽,适度凸出,端部有宽的卷边。全体黑色,前胸和鞘翅有时带青铜色或蓝色,触角暗褐色,足棕褐色。

(2)幼虫　体宽扁平,老熟幼虫体长 20～22 mm。腹部有光泽,具隐约可见背纵线。臀节不呈圆锥形,背面两侧各有 3 个齿状突起或结节,末端具有分叉形成两个大叉突,每一个叉突的内支向上主弯曲,外支如钩状向上,在分支的下方有 2 个大的结节,一个在外支和内支的基部,一个内支的中部。体棕褐色。

3. 沟金针虫

(1)成虫　雌虫体长 14～18 mm,宽 3～5 mm,体形较扁;触角 11 节,黑色、锯齿形,长约为前胸的 2 倍;前胸发达,背面为半球形隆起,密布刻点,中央有微细纵沟;鞘翅长约为前胸的 4 倍,其上的纵沟不明显,密生小点刻,后翅退化。雄虫体长 14～18 mm,宽约 3.5 mm,体形较细长;身体浓栗褐色,密被黄色细毛,头扁、头顶有三角形凹陷,密布明显点刻;触角 12 节,丝状、长达鞘翅末端,鞘翅长约前胸的 5 倍,其上纵沟明显,有后翅。

(2)幼虫　末龄幼虫体长 20～30 mm,金黄色,体宽而扁平,呈金黄色。体节宽大于长,从头部至第 9 腹节渐宽,由胸背至第 10 腹节,背面中央有 1 条细纵沟。尾节背面有略近圆形之凹陷,并密布较粗刻点,两侧缘隆起,具三对锯齿状突起,尾端分叉,并稍向上弯曲,各叉内侧均有 1 小齿。

二、生活史与习性

1. 细胸金针虫

在黑龙江约3年完成1代，以幼虫或成虫在土中越冬，深度可达35～60 cm，最深可达90 cm。春季土壤化冻后，越冬幼虫上升到表土活动为害。幼虫活动适温是10℃，土温在7～11℃，当土温越过17℃时，即逐渐下移，为害减轻。秋季土温下降后又为害一段时间，然后转移到土壤深层越冬。幼虫期长达2年多，老熟幼虫于7～9月间在土中7～10 cm深处化蛹，10～20 d后羽化为成虫，即在蛹室内越冬，第2年5月中下旬才出土活动。成虫昼伏夜出，喜食小麦，其次为陆稻、玉米、高粱，并取食大豆的嫩叶，但为害轻，不易被人注意。成虫有趋向腐烂禾本科杂草的习性，可利用这种趋性采用草把诱捕。

2. 宽背金针虫

以幼虫和成虫在土壤中越冬，需4～5年完成1代。在黑龙江省哈尔滨一带，成虫5月份开始出现，一直可延续到6～7月份，成虫出现后不久即交配产卵。越冬幼虫于4月末到5月初开始上升活动，5月下旬到6月初田间可见幼虫，春小麦收割后翻地时常见很多幼虫化蛹。成虫白天活跃，常能飞翔，有趋糖蜜习性。

3. 沟金针虫

以幼虫和成虫在土壤中越冬，约需3年完成1代，在华北地区，越冬成虫于3月上旬开始活动，4月上旬为活动盛期。成虫白天潜伏在麦田或草丛中，夜出活动交配。雌虫不能飞翔，行动迟缓，没有趋光性。雄虫飞翔力较强，夜晚多在麦田上。3月下旬到6月上旬为产卵期，卵产在3～7 cm深土中。卵经35～42 d孵化为幼虫，为害作物。幼虫直至第3年8～9月份在土中化蛹，深度为13～20 cm，蛹期约20 d，9月初开始羽化为成虫，当年不出土而越冬。

三、发生与环境的关系

1. 土壤温度

土温能影响金针虫在土中的垂直移动和为害时期。一般10 cm处土温达6℃时，幼虫和成虫开始活动。细胸金针虫适宜于较低温度，早春活动较早，秋后也能抵抗一定的低温，所以为害期较长。在黑龙江省5月下旬10 cm处土温为7.8～12.9℃时，是幼虫为害盛期。幼虫不耐高温，当土温超过17℃时，则向深层移动。

2. 土壤湿度

细胸金针虫不耐干旱，土壤湿度约为20%～25%适于生长发育。湖滨和低洼地区洪水过后，受害特重。短期浸水对该虫反而有利。

宽背金针虫如遇过于干旱的土壤，也不能长期忍耐，但能在较旱的土壤中存活较久，此种特性使该种能分布于开放广阔的草原地带。在干旱时往往以增加对植物的取食量来补充水分的不足，为害常更突出。

3. 耕作栽培制度

精耕细作地区发生较轻，耕作有直接的机械损伤，也能将土中虫体翻至土表，增加死亡率。间作、套作犁耕次数较少，为害往往加重。土地长期不翻耕，对金针虫造成有利条件。在未经开垦的荒地，饲料充足，又无犁耕影响，适于金针虫的繁殖。接近荒地或新开垦的土地，虫口就多，开垦年限越长，虫口有渐少的趋势。

知识文库 12　地下害虫的综合防治措施

一、农业防治

1. 结合农田基本建设

平整土地，深翻改土，铲平沟坎荒坡，植树种草等，杜绝滋生地下害虫的策源地，创造不利于地下害虫发生的环境。

2. 改革种植制度

地下害虫最喜食禾谷类和块茎、块根类大田作物，对油菜、麻类等直根系作物比较不喜取食，因此，合理地轮作或间套作，可以减轻其为害。

3. 翻耕整地，压低越冬虫量

在我国华北、西北、东北等地区都实行春、秋翻地耕作制。特别是早秋翻耕和翻后耙压，能明显减轻第 2 年春、夏季的蛴螬为害。

4. 合理施肥

猪粪厩肥等农家有机肥料，必须经充分腐熟后方可施用，否则易招引地下害虫取食产卵。碳酸氢铵、氨水等化学肥料应深施土中，既能提高肥效，又能因腐蚀、熏蒸起到一定的杀伤地下害虫的作用。

5. 适时灌水

春季和夏季作物生长期间适时灌水，因表土层湿度太大，不适宜地下害虫活动，迫使其下潜或死亡，可以减轻为害。

二、化学防治

从研究和实践经验来看，在预防为主，综合防治的前提下，对地下害虫以化学防治占主导地位。防治方法以种子处理、土壤处理、毒饵诱杀等为主，辅之以其他方法。

1. 防治指标

地下害虫的防治指标，因种类、地区不同，各地报道差异较大，综合各地报道，提出地下害虫的防治指标如下，供参考。

蝼蛄：1 200 头/hm^2；蛴螬：30 000 头/hm^2；金针虫：45 000 头/hm^2。

当各类地下害虫混合发生时，防治指标以 20 000～30 000 头/hm^2 为宜。

2. 防治技术

(1)种子处理　方法简便，用药量低，对环境安全，是保护种子和幼苗免遭地下害虫为害的理想方法。35%多克福种衣剂，分别按大豆种子重量的 1.0%～1.5%拌种，不仅能有效防治地老虎、蛴螬、金针虫、大豆根潜蝇等苗期地下害虫，还可兼治病害。

(2)土壤处理

①辛硫磷土壤处理。用 50%辛硫磷乳油 3 750～4 500 mL/hm^2 加水 10 倍，喷在 375～450 kg 细土上拌成毒土，条施在播种沟中，然后播种、覆土，或顺垄条施，但施药后要随即浅锄

或浅耕。

②施用颗粒剂。常用颗粒剂及用量5%辛硫磷颗粒剂30～37.5 kg/hm²;3%克百威颗粒剂37.5 kg/hm²;同种子、化肥混施。

(3)毒饵诱杀　是防治蝼蛄和蟋蟀的理想方法之一。毒饵的配制方法:用5 kg炒香的麦麸,或米糠、豆饼、棉籽饼、谷子等,加40%乐果乳油50～100 g,加适量水,将药剂稀释喷拌混匀而成。当田间发现蝼蛄为害后,在傍晚每隔3～4 m挖2碗大的浅坑,放1捏毒饵再覆土,每隔2 m挖1趟,施毒饵30～45 kg/hm²。

(4)药液灌根　对出苗或定苗后幼虫发生量大的地块或苗床,可采用药液灌根的方法防治幼虫。常用药剂有50%辛硫磷乳油、40%乐果乳油、50%敌敌畏乳油、48%毒死蜱乳油、90%晶体敌百虫等,用水稀释1 000倍液灌根。一般穴播作物,每株灌药液250 mL左右。

(5)堆草诱杀　在田间堆放8～10 cm厚的小草堆,750堆/hm²,在草堆下撒布5%乐果粉少许,诱杀细胸金针虫。诱杀油葫芦时草堆下放少许毒饵,效果很好。

(6)药枝诱杀　在大黑鳃金龟、暗黑鳃金龟、铜绿丽金龟等成虫出土盛期,用长20～30 cm的榆、杨、刺槐树枝浸于40%氧化乐果乳油30倍液中,浸泡10～15 h,于傍晚前取出插入田间,插150～225把/hm²。

(7)喷雾法　在金龟甲成虫发生季节,喷洒40%乐果或氧化乐果乳油或4.5%高效顺反氯氰菊酯乳油或50%辛硫磷乳油稀释1 000倍液,防治大黑和暗黑鳃金龟效果很好。

三、物理防治

3～9月份用黑光灯、高压电网黑光灯及频振式杀虫灯等,诱杀多种金龟甲、叩头甲、东方蝼蛄等害虫,可有效减少田间虫口密度。

四、生物防治

利用蛴螬乳状杆菌商品制剂及大黑臀钩土蜂防治蛴螬及金龟甲等技术应大力推广。

五、人工捕捉

春、秋翻耕时人工捡除蛴螬、金针虫等地下害虫。春雨后查找隧道,挖窝毁卵灭蝼蛄。4～6月份傍晚摇树捉金龟。结合中耕除草捕捉象甲。清晨在被害株周围逐株检查,人工捕捉蛴螬。蝼蛄多的地块可挖30 cm×30 cm×20 cm的土坑若干,内放新鲜湿润马粪并盖草,每日清晨捕杀。

知识文库13　地老虎类

地老虎属鳞翅目、夜蛾科,是农作物的重要害虫。地老虎的种类很多,其中主要以小地老虎 *Agrotis ypsilon*(Rottemberg)分布广、为害最重,全国各地普遍发生;其次,在我国北方地区,黄地老虎 *Euxoa segetum* (Schiffermüller)发生也较普遍,分布在甘肃、青海、新疆、内蒙古及东北北部;在黑龙江,白边地老虎 *Euxoa oberthuri*(Leech)发生也很普遍,为害较重;此外,

黑三条地老虎 *Euxoa trifurca*(Eversmann)和八字地老虎 *Amathes c-nigrum*(Linnaeus)等在局部地区也为害较重。

地老虎的食性较杂,可为害多种粮食作物、棉花、蔬菜、烟草、中药材及果树、林木的幼苗。低龄幼虫昼夜活动,取食子叶、嫩叶和嫩茎,3 龄后昼伏夜出,可咬断近地面的嫩茎,造成缺苗断垄甚至毁种。

一、形态特征

3 种常见地老虎成虫和幼虫形态区别见表 1-4。

表 1-4 3 种常见地老虎成虫和幼虫形态区别

种类		小地老虎	大地老虎	黄地老虎
成虫	体长	16~23 mm	20~25 mm	14~19 mm
	体色	暗褐色,较深	暗褐色,较浅	黄褐色或灰褐色
	前翅	黑褐色;内、外横线将翅分为三部分,中部有明显环形斑和肾状纹;在肾状纹外有一尖端向外的剑状纹,外缘内侧有 2 个尖端向内的剑状纹	灰褐色;肾状纹和环形斑明显,但肾状纹外无黑色剑状纹;前缘靠基部 2/3 处呈黑色	黄褐色;横线不明显,肾状纹和环形斑较明显,均有黑褐色边,斑中央暗褐色;翅面上散布褐色小点
幼虫	体长	37~50 mm	41~60 mm	33~43 mm
	表皮	满布大小不等的黑色颗粒	多皱纹,颗粒不明显	颗粒不明显
	臀板	黄褐色,有两条深褐色纵带	全部深褐色	为两块黄褐色斑

二、生活史与习性

地老虎 1 年中发生的代数,随各地气候及环境条件而异。

1. 小地老虎

地老虎在黑龙江省 1 年发生 2 代。成虫在早春 4 月出现,5~6 月份为多,成虫白天隐蔽,夜间活动,以黄昏以后活动最强,并交配产卵。气温达 8℃时开始活动,温度越高活动越强,大风或降雨夜间不活动。成虫对黑光灯和糖醋酒等物质趋性较强,产卵在地面、枯草及作物幼苗上。幼虫共 6 龄,1、2 龄幼虫常栖息在表土或寄主的叶背或心叶里,昼夜活动,并不入土。2、3 龄幼虫将幼苗咬成小孔或缺刻。3 龄以后,白天潜入土下,夜间活动为害。到 4 龄以后为害幼苗,常咬断整株,连茎带叶,拖入穴中。4~6 龄幼虫的取食率占总食量的 97%以上,能迁移为害,每头一夜可咬断幼苗 3~5 株,常造成缺苗断垄。幼虫有假死性,一遇惊动,则缩成环状。在 3 龄以后有自残性。在广东可终年繁殖为害,在北纬 33°左右以北地区尚未查到越冬虫源,从而推测在北方早春出现的越冬代成虫主要来自南方。

2. 黄地老虎

黄地老虎在黑龙江省以老熟幼虫在土缝里越冬,1 年发生 2 代。越冬成虫始见于 5 月末,高峰期在 6 月上旬,成虫羽化到交配历时 1~2 d,第 1 代幼虫为害春播作物幼苗,第 1 代成虫始现于 7 月末,高峰期在 8 月上旬,第 2 代幼虫在秋季为害禾本科牧草。成虫对黑光灯有一定趋性,对糖醋酒液无明显趋性,喜在葱花上取食,进行补充营养。卵常产在地面枯草根际处,以及杂草和豆类等幼苗叶背上。为害高粱、玉米时,幼龄幼虫将嫩叶咬成小孔,龄期稍大的幼虫,多在苗茎基部地表处咬断或蛀一小孔,造成枯心苗。幼虫共6龄,自残习性不明显。在越冬前,5~6龄幼虫在田间或杂草地5~15 cm土下筑室越冬。

三、发生与环境的关系

地老虎的发生数量与为害程度,受多种生态因素的综合影响,以小地老虎为主分述如下。

1. 温度

高温不利于小地老虎的生长发育和繁殖,当平均温度高于30℃时,成虫寿命缩短,幼虫大量死亡。小地老虎亦不耐低温,在5℃时,幼虫经2 h即全部死亡。该虫最适宜的生长发育和繁殖温度为13.2~24.8℃。

2. 湿度

小地老虎喜湿,地势低湿,多雨湿润的地区发生量大,因此分布在沿湖、沿河流域和低洼内涝、雨水充足及常年灌溉地区,都适合该虫发育生存,发生量大,为害也严重。

3. 土质

地下水位高,土壤湿度大而疏松的沙质壤土,易透水,排水快,适于小地老虎的繁殖;而地势高、地下水位低、土壤板结碱性大的地区,小地老虎发生轻,重黏土或沙土,对小地老虎亦不利。

4. 植被

蜜源植物的多少对地老虎的产卵量影响很大。在蜜源植物丰富的情况下、每雌产卵量达1 000~4 000粒,在蜜源植物稀少或缺乏的情况下,则只产几十粒或不产卵。

5. 天敌

地老虎的天敌种类很多,对其种群数量消长起着一定的控制作用。捕食性天敌有蚂蚁、步甲、蜘蛛等;寄生性天敌有姬蜂、寄生蝇、寄生螨等;病原微生物有细菌、真菌、病毒和线虫等。

四、防治技术

地老虎在3龄幼虫以前,昼夜在地面以上活动,食量小,对药剂敏感,是防治的关键时期,故应做好预测预报,进行适时防治。

1. 农业防治

早春铲除地头、地边的杂草,并带到田外及时处理或沤肥,能消灭一部分卵和幼虫;春耕多耙,消灭地面上的卵粒,秋翻秋耙,晒田2~3 d,可杀死大量幼虫和蛹,也能破坏越冬场所,减少越冬基数。

2. 化学防治

当虫口密度达到防治指标时,应及时用药防治。一般在第1次防治后,隔7 d左右再治1次,连续2~3次。防治1~2龄幼虫可喷粉、喷雾或撒毒土,防治3龄以上幼虫可撒施毒饵诱杀。常用的药剂和使用方法主要有以下几种:

(1)拌种　用50%辛硫磷乳油1份,加水60~100份、可拌大豆种子600~1 000份,拌混均匀,堆闷12~24 h,晾干后播种,对多种地老虎有防治效果。

(2)毒土　用75%辛硫磷、50%敌敌畏等乳剂分别以1∶300、1∶2 000的比例,拌成毒土,撒施300~375 kg/hm^2,不仅能杀死2龄幼虫,对高龄幼虫也有一定的杀伤效果。

(3)喷雾　用48%毒死蜱乳油1 500倍或50%辛硫磷乳油的1 000倍稀释液、2.5%溴氰菊酯3 000倍稀释液进行地面喷撒或利用50%敌敌畏乳油2 000倍稀释液在作物(高粱禁用)幼苗或杂草上喷雾。

(4)毒饵诱杀　可在苗期早期,割青草间隔5 m堆成堆,在堆底喷洒300倍液80%敌敌畏诱杀幼虫。

3. 物理防治

利用黑光灯、糖醋液或性诱剂等诱杀成虫。

4. 人工捕杀幼虫

对高龄幼虫,可在清晨扒开被害株的周围或畦边、田埂阳坡表土,进行捕杀,也可用新鲜泡桐叶诱集捕杀。

5. 生物防治

地老虎的天敌种类很多,研究、保护和利用天敌,是防治地老虎的有效途径之一。用颗粒体病毒防治黄地老虎等技术应大力推广。

知识文库14　大豆根潜蝇

大豆根潜蝇 *Clphiomyia shibatsuji* (Kato)(图1-6)属双翅目,花蝇科。我国北方大豆主产区的重要害虫,只取食大豆和野生大豆。成虫舔吸大豆苗的叶片汁液,叶面出现很多密集透明的小孔;幼虫孵化后在幼根胚轴皮层下蛀食,形成3～5 cm长的隧道,破坏韧皮部和木质部,影响养分输送和幼苗生长。受害大豆幼苗植株矮小、生长势弱、叶色变黄。受害严重的逐渐枯死;受害轻的,在幼虫化蛹后,伤口愈合,植株恢复生长,但根部已变褐、纵裂、侧根少、根毛少、根瘤小而少,严重影响产量。幼虫蛀食造成的伤口导致根部侵染性病害发生,使大豆受害加重。

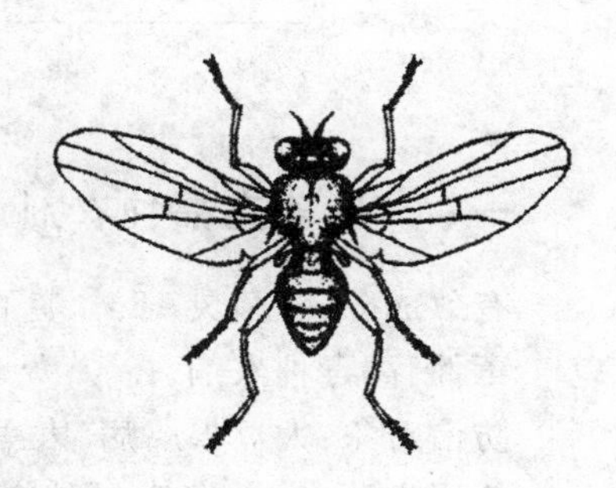

图1-6　大豆根潜蝇

一、形态识别

大豆根潜蝇成虫体长2.2～2.4 mm,黑色。复眼暗红色,具芒状触角。前翅透明,有紫色闪光,翅脉上有毛。幼虫体长4 mm,圆筒形,乳白色。头部有指形突起,口钩黑色。

二、发生规律

大豆根潜蝇1年发生1代,以蛹在大豆根部及其附近土壤中越冬。大豆第1片复叶展开,进入成虫盛发期。成虫飞翔力弱,有趋光性,成虫寿命5～8 d,成虫取食大豆幼苗子叶或真叶的汁液补充营养,用产卵器划破叶片,舔食汁液,取食处呈枯斑状。成虫多集中在大豆植株上部叶片附近活动、取食和交尾,温度低、风力大时在下部叶片隐藏。在大豆叶片上交尾,交尾当日选择幼嫩大豆苗,用产卵器刺破近地表处的根部表皮,将卵产在大豆幼苗下胚轴的表皮内,每头雌成虫可产卵20～40粒,每次产1粒卵,在每株大豆上也只产1粒卵。幼虫孵化后,在产卵孔附近作短暂活动，后沿胚轴向根部钻蛀，在皮层和韧皮部取食，形成红褐色蛇形隧道，根部常呈开裂状。幼虫期 20 d。6 月下旬至 7 月中旬化蛹，蛹期 320～340 d。

成虫活动、取食、交尾、产卵的适宜温度为 20～30℃，成虫羽化出土盛期，降雨可使土壤含水量增加，有利于成虫羽化。

三、防治方法

1. 农业防治

豆田秋季深翻或耙茬。轮作也可减轻危害。

2. 药剂防治

(1)种子处理　用 35%多克福种衣剂按种子重量的 1%～1.5%进行包衣处理。

(2)田间喷药防治成虫　大豆出苗后，每天下午到田间观察成虫数，如有成虫 0.5～1.0 头/m^2时，即应喷药防治。在成虫盛发期 5 月末至 6 月初，大豆长出第 1 片复叶之前进行第 1 次喷药，7～10 d 后喷第 2 次。使用的药剂有 40%乐果乳油或 80%敌敌畏乳油或 90%晶体敌百虫 1 000 倍液。

知识文库 15　农药介绍

一、35%多克福种衣剂

有效成分：多菌灵 15%、克百威 10%、福美双 10%、微肥及生长调节剂。

毒性：高毒种衣剂。

防治对象：大豆根腐病、大豆胞囊线虫病、根潜蝇、蛴螬等地下害虫、幼苗缺素症等。

使用方法：35%多克福种衣剂的用量为大豆种子总重量 1%～1.5%或按说明书用量使用，调整好拌种器或种衣剂包衣机的转动速度；准确计算和称量种子投入量和种衣剂用量；先将种子倒入拌种器或种子包衣机中，再倒入种衣剂；要立即搅拌，搅拌速度要均匀，待每粒种子均匀着色时即可出料。

注意事项：①无论用种衣剂包衣机、自制滚筒式拌种机或者是人工包衣，一定要做到粒粒种子均匀着色后才能出料。②包衣时严禁向种衣剂内加水或其他营养元素及农药。③出料后种子不要再搅动，以免破坏药膜。④包衣后的种子必须放在阴凉处晾干。⑤种衣剂仅限种子包衣使用，严禁对水喷雾。⑥包衣后的种子宜在 7 d 内播完，搁置过久影响种子发芽。⑦包衣种子有毒，不能用作加工原料或食用。⑧包衣作业时，操作人员做好劳动保护，作业期间不进食，不吸烟，作业结束后用碱水洗净手脸。

二、咯菌腈

毒性：低毒杀菌剂。

作用方式：内吸广谱性杀菌剂，对子囊菌、担子菌、半知菌等许多病原菌引起的病害有非常好的防效。持效期长可达 4 个月以上，且不易与其他杀菌剂发生交互抗性。

防治对象:大豆根腐病、立枯病等多种作物真菌性病害。

使用方法:大豆每 100 kg 种子用 2.5%悬浮种衣剂 200～400 mL,手工或机械拌种。

注意事项:①对水生生物有害,勿把剩余的药物倒及池塘、河流。②拌过药剂的种子不能食用或饲用。③本剂无专用解毒剂,一旦误服立即送医院治疗。

三、甲霜灵

毒性:低毒杀菌剂。

作用方式:新型高效内吸广谱性杀菌剂,对卵菌纲中霜霉菌、疫霉菌和腐霉菌引起的病害有非常好的防效。

防治对象:大豆根腐病、大豆霜霉病等多种作物真菌病害。

使用方法:25%可湿性粉剂稀释 600～1 000 倍液喷雾;用 35%种子处理剂拌种,用药量为种子重量的 0.2%～0.3%。

注意事项:①较易产生抗药性,常与其他药剂混配使用。②在中性、酸性介质中稳定,在碱性介质中易分解。③开花期不要使用,避免药害。④本品中毒后无特效解药,使用时要注意安全。

四、吡虫啉

毒性:低毒杀虫剂。

作用方式:是一种高效广谱杀虫剂,具有强烈的触杀、内吸传导和胃毒作用。

防治对象:地下害虫、蚜虫、斑须蝽、叶蝉及各种潜叶性害虫等都有显著效果。

使用方法:60%吡虫啉悬浮种衣剂 50 mL 拌 12.5～15 kg 大豆种子;10%吡虫啉可湿性粉剂 150 g/hm^2 稀释 3 000～5 000 倍液喷雾。

注意事项:①叶面施用对蜜蜂、家蚕有毒。②拌过药剂的种子不能食用或饲用。③不可与强碱物质混用。

知识文库 16　整地及基肥施用

一、大豆对耕层的要求

大豆的土壤耕作,一是要为根系生长和根瘤菌的繁殖创造良好的环境;二是为种子发芽出苗提供良好的苗床;三是为提高播种、管理和收获质量奠定良好的基础。大豆是深根系作物,并有根瘤菌共生,根瘤菌是好气性微生物,为促进根瘤发育良好,要求耕层深厚、通气良好、有机质丰富、速效养分含量高、保水保肥性能良好的土壤条件。

二、大豆整地方法

1. 平翻耕法整地

(1)灭茬及秸秆处理　翻地前灭茬能提高翻地质量。具体做法是在翻地前用缺口耙或重型圆盘耙耙地，将茬子耙碎。准备进行秸秆还田的地块，可将秸秆粉碎，均匀抛撒在田面。玉米秸处理方法是可在人工摘穗后，用秸秆粉碎机粉碎，或者用缺口耙耙 1～2 次，也可在用玉米收获机摘穗后将秸秆粉碎。

(2)深翻　翻地深度应达到 18～22 cm，要求耕深一致，扣垡严密，不重耕，不漏耕，耕堑直，地头齐，开闭垄少。麦茬伏翻应在小麦收获后及时进行，伏翻能积蓄降水，延长土壤熟化时间，提高灭草效果。玉米茬及其他茬口的秋翻应在收获后及早进行，因为黑龙江省秋收作物收获较晚，结冻前的宜耕期只有不到 1 个月的时间，如果不能及时深翻，翻地及整地质量都难以保证。

(3)表土土壤耕作　深翻后必须进行耙地、耢地、镇压等表土耕作，才能创造出良好的耕层构造。一般在土壤水分适宜时，深翻后应立即耙地和耢地，以平整田面，减少土壤水分蒸发。在较黏重的地块上，可待土壤稍干后再耙、耢。降雨后地表出现板结层时，应通过耙地及时破除。

2. 深松耕法整地

根据黑龙江省生产经验，因前茬不同，深松耕法的整地方式也有差异。

(1)玉米茬整地　前茬玉米收获后，土壤结冻前，在垄沟中施有机肥，深松垄沟，然后破垄台合成新垄、镇压，第 2 年垄上精量点播大豆。或者进行垄体深松，深松深度在 30 cm，同时进行垄上除茬，然后扶垄整形、镇压，下年垄上卡种。谷子、高粱等杂粮作物可以采用与玉米茬相同的深松整地方法。

(2)小麦茬整地　准备垄作大豆的麦茬地块，收获后对麦田进行对角耙灭茬，然后破茬起垄。根据土壤墒情确定深松深度。墒情较好时应进行垄底深松，深松深度 30 cm；墒情较差时进行垄沟深松，深松深度 25～30 cm。平作大豆时，可进行耙茬深松，深松深度 25 cm，铲距 30 cm，用重耙和轻耙耙透，耢平，达到平整、细碎、上虚下实，以减少土壤水分蒸发。

三、基肥施用

基肥应以有机肥为主，也可配合一定数量的化肥，根据土壤肥力确定施肥量，瘠薄土壤或以前施肥较少的地块，应多施有机肥。一般每亩(1 亩＝667 m^2)施入有机肥 1～2 t，每 3 年轮施 1 次。有机肥的施用方法因整地方法不同而不同，可结合翻地或破垄夹肥施入 15～20 cm 土层中。也可以用化肥做基肥，减少种肥施用量或不施种肥，结合秋整地起垄深施在 15 cm 以下耕层中。化肥秋深施，经过秋末至初春的漫长转化，可以缓慢供给大豆生长。钙能促进根瘤菌的固氮活性，故应重视石灰的施用，尤其是酸性土壤上。

知识文库 17　种子处理

一、种子精选及发芽试验

(1)种子精选　精选种子，了解种子发芽率，有利于确定播种量，保证出苗率。自繁自用的种子才需精选，如果购买加工包装好的种子，则可直接播种，无须再精选种子。精选时采用风选、筛选、粒选、机精选或人工挑选等方法，去除破瓣、秕粒、霉粒、病粒、杂粒和虫食粒，留下饱满、整齐、光泽好、具有本品种特征的籽粒做种子。种子经精选后，要求纯度达到98%以上，净度不低于98%，发芽率在90%以上。

(2)发芽试验　在净种子中每次随机选取100粒种子，4次重复。将种子置于纸床或砂床中，在发芽皿底盘的外侧贴上标签，写明样品号码、置床日期、品种名称、重复次数，盖好发芽皿以便能保持湿度。将发芽箱调至25℃，然后将置床的发芽皿放入发芽箱内支架上。为保持箱内湿度，也可在发芽箱底部放一盘水。每天检查1次，定时定量补水。如有表面生有霉菌的种子应取出洗涤后放回，必要时更换发芽床，腐烂的种子及时取出并记载。初期、中间记载时，将符合标准的正常幼苗，腐烂种子取出并记载；未达到标准的小苗、畸形苗、未发芽种子要继续发芽。末次记载时，正常幼苗、硬实、新鲜不发芽的种子、不正常幼苗、腐烂霉变等死种子都如数记载。最后，取正常幼苗的平均发芽率即为试验的发芽百分率。

二、根瘤菌接种

进行根瘤菌接种，可以增加根瘤数量，提高根瘤菌的固氮能力。具体方法是采用根瘤菌菌粉，每35 g菌粉加清水700 g拌成浆喷洒在10 kg种子上，拌匀稍干后即可播种。拌种时在阴凉的地方操作，避免阳光直射杀死根瘤菌。播种后马上覆土。在无根瘤菌菌粉的情况下，可用种过大豆的碎土均匀撒入被接种的地里，也能起到一定的效果。

需要注意的是：如果采用了种衣剂包种，则不宜再用根瘤菌菌粉拌种；第1次种大豆的地块，应进行根瘤菌接种；已种过大豆的地块，可不用接种根瘤菌。

三、微肥拌种

大豆常用的拌种微肥有钼酸铵、硫酸锌、硼砂、硫酸锰等。用钼酸铵拌种时，每千克种子用0.5 g钼酸铵，溶于种子重1%的水中，均匀地喷在种子上，阴干后播种；用硫酸锌拌种时，每千克种子用4～6 g硫酸锌，溶于种子重1%的水中，喷在种子上拌匀，阴干后播种；用硼砂拌种时，每千克种子用硼砂0.4 g，溶于16 mL热水中，溶解后稀释拌种；用硫酸锰拌种时，每千克种子用硫酸锰10 g，溶于种子重1%的水中，均匀地喷在种子上，阴干后播种；两种以上微肥拌种时，总用水量不宜超过种子重的1%，防止种皮皱缩、脱皮，影响播种质量。

四、种衣剂拌种

种衣剂是农药、微肥、生物激素的复合制剂，能促进幼苗生长，对地下害虫、大豆胞囊线虫、大豆根腐病、大豆根潜蝇等都有较好的防效。精选后的种子可以用种衣剂进行包衣处理。大豆常用种衣剂有35%多克福大豆种衣剂、30%多克福大豆种衣剂等，用量为种子重量的1%～1.5%。种子量较大时进行机械包衣，按药、种子比例调节好计量装置，按操作要求进行作业。种子量小时可人工包衣，按比例分别称好药和种子，先把种子放到容器内，然后边加药边搅拌，使药剂均匀地包在种子表面。

知识文库 18 大豆生产形势

一、我国大豆生产形势变化

1961 年时,美国生产的大豆已占世界总量的 68.7%;而居第二的中国,大豆产量份额跌至 23.3%。不过,那时其他国家生产的大豆加在一起也才 8%。从 20 世纪 60 年代后期到 70 年代,大豆农业在拉丁美洲飞速发展起来。1974 年巴西的产量超过了中国,1998 年阿根廷的产量也超过了中国,2002 年巴西和阿根廷的总产量又超过了美国。到 2011 年,中国大豆产量占世界总产量的比重仅仅只有 5.55%,而美国的份额是 31.88%,巴西的份额是 28.67%,阿根廷的份额是 18.73%,其他国家份额总计 15.16%,其中印度的产量达到1 228.2万 t,比 2004 年几乎翻了一番,相当于中国产量的 85%。

而中国的大豆消费量却在逐年攀升。1964 年消费量不到 800 万 t,到 2010 年已经跃升到近 7 000 万 t。随着人们生活水平的提高,这个数字还将继续上升。与消费量迅猛增长形成鲜明对比的是中国大豆的生产量,1964—2010 年基本没有太大的变化,巅峰时期也不到 1 700 多万 t,比 1964 年只翻了 1 倍。1964 年中国大豆基本不需要进口,这种情况一直持续到 20 世纪 90 年代中期。以 1995 年为例,中国大豆产量为 1 400 万 t,消费量也为 1 400 万 t,基本上可以保证自给自足。而到 2011 年中国大豆产量仍为 1 400 万 t,消费量却为 7 000 万 t,5 600 万 t 大豆需求缺口必须通过进口获得。

20 世纪 90 年代中期以后,大豆进口迅速增长,到 2011 年,中国进口大豆占消费的比重已经高达 80%以上。2012 年,中国进口了 5 838 万 t 的大豆,比上年增加 1.53%,其中绝大部分都是转基因大豆,主要来自于美国、巴西和阿根廷。从全球大豆交易来看,一直到 20 世纪 90 年代中期,中国市场还微不足道,到 20 世纪最后两年,中国市场的份额才超过 10%。然而,从那时以后,在短短十几年时间里,中国市场的比重呈跨越性增长。现在,世界大豆出口总量的 60%都涌向中国市场,中国已经成为世界上最大的大豆进口国。曾经占据世界产量 90%的大豆王国,在进入 20 世纪之后,相继被美国和拉美的巴西、阿根廷等国家超越,并在过去 15 年里变成了一个严重依赖进口的国家。

二、黑龙江省大豆生产特点及当前形势

我国大豆种植历史悠久,大豆的主要生产省份有黑龙江、吉林、山东、河南和河北等省份。其中,黑龙江、吉林两省气候适宜,大豆的生产基础好,也是我国大豆的主要供给省份。然而作为中国大豆主产区,黑龙江省大豆播种面积和产量却逐年缩减、幅度惊人:2010 年 6 470 万亩、2011 年 5 193 万亩、2012 年不足 4 000 万亩。与之相应的,是颇具价格优势的进口转基因大豆数量飙升。大量进口大豆的涌入,抢占了国产大豆的市场份额。

除去进口转基因大豆的冲击因素,玉米、大豆种植效益的比价结构扭曲,也是导致黑龙江省大豆播种面积大幅度缩减的一个原因。近年来,受玉米工业消费影响和刺激,玉米大豆比价均值差距越来越大,玉米的种植效益远高于大豆,导致许多农民选择玉米弃种大豆。

黑龙江省大豆的今日还与省内大豆加工企业的竞争乏力有关，因为作为加工原料，大豆的种植效益理应由加工企业来保障，但遗憾的是，省内大豆加工企业却自身难保。

东北地区作为非转基因大豆的主要原产地资源，至今保持着世界非转基因大豆的纯净性，应大力开发其绿色、天然、营养、健康的优势，并加强对非转基因大豆品种的保护，促进非转基因大豆产业的健康发展。

三、我国大豆产业存在的主要问题

1. 国内大豆产需缺口不断加大，国产大豆无法满足加工需求，国外大豆大举进入我国市场

近年来，我国油脂、油料生产发展迅速，大豆需求不断增加，国内大豆生产已经无法满足生产需要。我国大豆产量比较分析：在1996—2002年，我国大豆产量呈逐年增加的态势，1999年之后，我国大豆总产量都在1 500万t以上，2002年我国大豆生产创下新中国成立以来的最高纪录1 640万t。我国大豆年进口量比较分析：由于1995年、1996年大豆连续两年减产，影响了我国大豆加工业的正常生产，企业竞相抢购大豆，大豆价格节节攀升，在这种情况下，国家适时调整了大豆进出口政策，增加进口，减少出口。在1995年，我国首次成为大豆净进口国。以后随着进口数量的逐年递增，我国现在已经成为世界上最大的大豆进口国。

2. 我国大豆出油率低、生产成本高，无法和国外大豆竞争

我国大多数农民都是以户为单位种植大豆，机械化水平低，没有形成产业规模，农民投入大，导致生产成本高。而在美国、阿根廷、巴西等国，大豆生产机械化水平高，从而拉动了世界市场大豆价格的下降。主要原因还是我国大豆的亩产远远低于美国和巴西。另外，国际转基因大豆出油率高，平均高出我国大豆出油率2个百分点。因此，作为国内大型油料加工企业，多青睐于进口大豆，对国产大豆比较冷落，自1999年以来，国产大豆库存积压，进口大豆热销的现象比较普遍。

3. 国内政策对大豆产业的支持力度不够

国内政策对大豆产业的支持力度不够。长期以来，尽管大豆被列为主要粮食作物，纳入国家种植计划进行生产，但与其他主要粮食作物如水稻、小麦和玉米相比，大豆被看作小作物，又由于科研、生产和推广等方面的忽视，大豆的单产水平一直没有突破，而且成本始终高于国际水平。单产水平低使得我国大豆的单位产品成本过高，直接影响国产大豆的价格竞争力。此外，国家在水利设施、农田基本建设、大豆科研和品种改良等方面的投入相对较少，使我国大豆产业在精深加工、终端产品发展方面与世界先进国家存在很大距离。

4. 大豆出口"绿色"优势未能凸显

作为世界第四大大豆生产国，我国是唯一的全部种植非转基因绿色大豆的国家，但目前我国绿色大豆的出口优势没有发挥出来。目前各国普遍认为转基因大豆不能直接食用只能用于榨油，国外大豆主要是转基因大豆，含油量为21%～22%，比较适合大豆压榨企业榨油，而国内种植的非转基因大豆，出油率比进口转基因大豆低2～3个百分点，但蛋白质含量较高，比较适宜于食用和做饲料。目前虽然对转基因食品安全性问题尚无定论，但许多国家对转基因产品进行限制，所以非转基因大豆尤其是有机大豆和绿色大豆有很大的发展前景。而我国广泛种植的非转基因大豆符合上述趋势，但目前我国的绿色大豆由于多种因素的制约和限制没能发挥出自身的优势。

今后相当长一段时间，通过进口大豆来满足国内需求不可避免，稳定发展国产大豆，保持

一定水平的大豆自给率，非常必要。我国大豆具有非转基因优势，符合国内外大豆消费市场发展趋势，且单产水平仅有发达国家的一半，增产的潜力巨大。

关于我国大豆产业发展的战略和任务：一是稳定大豆面积，提高单产和品质；二是实行油脂多元化战略，积极发展替代饲料蛋白；三是大力发展蛋白大豆，积极发展油用大豆；四是积极开拓非转基因大豆产品市场；五是优化大豆加工产业，规范企业竞争行为。

知识文库 19 大豆重迎茬问题

一、大豆重迎茬减产现象

黑龙江省是我国大豆主产区，在过去的很长一段时间里存在着重迎茬问题。重迎茬大豆较正茬大豆减产，并且减产幅度随重茬年限的增加而增大。据黑龙江省农科院等科研单位与讷河等 8 个市县的农技推广部门在黑龙江省东部低湿区、西部风沙干旱区、中西部盐碱土区、北部高寒区、中南部黑土区等 5 个生态区设定的 9 个试验点研究表明，各试验点正茬大豆平均产量为 1 984.5 kg/hm^2，迎茬减产 6.1%，重茬一年减产 9.9%，重茬两年减产 13.8%，重茬三年减产 19.0%。不同生态区之间比较，西部风沙干旱区、中西部盐碱土区减产幅度较大，东部低湿区、中南部黑土区及北部高寒区减产幅度较小。

重迎茬大豆的百粒重下降，病粒率、虫食率增加，商品质量显著降低。据黑龙江省富锦、虎林等地调查，迎茬大豆百粒重平均为 18.2 g，比正茬大豆降低 2.7%；重茬大豆百粒重平均为 18.0 g，比正茬大豆减少 3.7%；迎茬大豆的病粒率、虫食率分别比正茬大豆增加 39.7%和 41.6%；重茬大豆的病粒率和虫食率比正茬大豆增加 95.5%和 106.8%。迎茬和短期重茬对大豆蛋白质和脂肪含量没有明显的影响，3 年以上的长期重茬使大豆蛋白质含量明显增加，而脂肪含量明显减少。

二、大豆重迎茬减产原因

1. 重迎茬大豆的生理代谢与调控

据研究，重迎茬大豆光合速率明显低于正茬大豆，而呼吸速率却高于正茬大豆，在生育过程中表现出一致的趋势，随着重茬年限的增加，这种趋势表现得更为明显。叶绿素在一定范围内随重茬年限增加，呈现显著下降的趋势。水分代谢表现为重迎茬大豆气孔阻力、蒸腾强度明显高于正茬大豆，根系活力下降。这充分说明，重迎茬大豆生理代谢强度减弱，引起气孔阻力、蒸腾强度增加，降低光合效率，导致其他代谢过程失调，最终表现为重迎茬大豆产量质量降低。

重迎茬大豆在不同土壤、年际间、不同品种间，对氮素吸收影响不大，没有明显的增减吸收差异；重迎茬大豆体内磷素含量显著下降；植株体内含钾量，正茬大豆显著高于重迎茬；重迎茬大豆植株体内硼含量明显降低。重迎茬条件下，叶片中谷胱干肽过氧化物酶活性极显著增强，重迎茬种植使大豆处于逆境条件下生长发育，在此条件下，植株体内自由基产生量增加，导致膜的完整性被破坏，使叶绿体降解。

2. 重迎茬大豆根系分泌无机腐解物的动态变化研究

土壤水解酶、氧化还原酶随重茬年限的延长而降低，重迎茬大豆根系分泌物中蛋白质含量、多糖含量和氨基酸含量都随重茬年限增加而增加，而重茬明显高于正茬与迎茬。随连作时间的延长大豆根系活力减弱。重迎茬条件下大豆根系分泌物引起大豆根腐病几种病原菌的数量增加，这将导致根腐病加重。大豆残茬的腐解过程产生出某种抑制大豆萌发的物质。

3. 重迎茬对大豆根际微生物和共生固氮体系的影响

重茬大豆根际细菌和放线菌数量减少，真菌数量增加。连作条件下，大豆单株结瘤个数和单株根瘤鲜重急剧下降，使大豆植株根、茎和叶中氮磷含量随之降低，尤以磷更为明显。

4. 重迎茬大豆主要根部病害发生规律

大豆根腐病发病率总的趋势是重三年＞重二年＞重一年＞迎茬＞正茬。大豆胞囊线虫病感病品种无论是土壤中胞囊数和根部寄生胞囊数轮作地都明显低于重茬，胞囊数随着重茬年限增加而增加。

三、提高重迎茬大豆产量和品质的途径

(一)选用抗逆性强的品种

科学研究与生产实践表明，选用抗病或耐病品种是减轻重迎茬对大豆产量与品质影响的经济有效的措施。黑龙江省中西部胞囊线虫发病较重的地区，应选择抗胞囊线虫的品种，如抗线1、抗线2、抗线3、嫩丰15、庆丰1等。南部地区可选用黑农37、黑农39等品种。东部三江平原地区可选用合丰33、合丰34、垦农34等品种。中部黑土区可选用绥农10、绥农14等品种。北部黑土区可选用黑河27、北丰14等品种。还要做到不同品种的合理搭配和轮换种植，以减轻重迎茬危害。调换使用品种可使根际微生物及相应病虫害的生理小种得到改变，能有效减轻重迎茬危害。

(二)合理进行土壤耕作，增施肥料，改善土壤环境

1. 合理进行土壤耕作

大豆重迎茬种植，尤其是连年重茬，导致土壤紧实，团粒结构减少，肥力下降。进行合理的土壤耕作，可以疏松土壤，为大豆根系发育创造良好的土壤条件，并能减轻病虫危害。在土壤耕作上，要坚持以深松为主的松、翻、耙、旋相结合的土壤耕作制度，大力推广深松耕法。

进行翻耙整地、重耙灭茬及旋耕，能破坏原来的土体结构，疏松耕层，改善根系生长环境，减轻病虫危害。不同的整地时间和方法，对大豆的影响差异很大。从整地时间上看，伏、秋整地优于春整地。从整地方法上看，翻耙整地优于重耙灭茬。据黑龙江省海伦市调查，重茬大豆秋翻、秋耙与春翻、春耙相比，大豆根潜蝇、胞囊线虫和根腐病发生率分别低4.8%、4.1%和3.7%，单株根瘤数多6.2个，增加25.7%，单产增加195 kg/hm²，增幅为10.7%。春翻、春耙与春重耙灭茬相比，大豆根潜蝇、胞囊线虫和根腐病发生率分别低1.8%、2.1%和3.7%，单株根瘤数多2.7个，增加12.6%，单产增加117 kg/hm²，增幅为6.7%。春重耙灭茬与原垄种相比，大豆根潜蝇、胞囊线虫和根腐病发生率分别低8.3%、2.4%和0.9%，单株根瘤数多0.6个，增加2.9%，单产增加195 kg/hm²，增幅为12.9%。重茬大豆春旋耕后起垄种植较原垄精量播种，单株胞囊数少6.2个，减少17.5%，根腐病发病率低5%，单株根瘤数多4.3个，增加25.6%，单产增加643.5 kg/hm²，增幅为19.9%。

2. 增施有机肥，实行配方施肥

有机肥是完全性肥料，它不仅富含矿质元素，而且含有较多的有机质和作物生长所需要的特殊物质。增施有机肥既能平衡供给大豆营养，又能改善重迎茬造成的不良土壤环境，是减缓产量下降和品质降低的有效措施之一。据黑龙江省桦南县调查，在每公顷施二铵 150 kg 的基础上，施入 15 000 kg 优质有机肥，可使大豆增产 366 kg/hm^2，增幅为 18.2%。在黑龙江省北部地区，人均耕地面积大，大量施用有机肥有一定的难度，应推广秸秆还田，增加土壤有机质。

据对不同重迎茬年限耕层土壤养分含量测定表明：随着重茬年限的增多，土壤中水解氮和速效钾含量降低，而土壤中速效钾的含量与大豆产量呈极显著相关，说明速效钾含量减少是重茬减产的一个重要因素。由于重迎茬地块速效氮含量降低，根瘤减少，固氮能力减弱，因而在基肥氮素不足的情况下，在大豆苗期或花期追施氮肥有较好的增产作用。追肥可在大豆第 1 片复叶展开时，结合中耕施尿素 30～60 kg/hm^2，或在始花期追尿素 67.5/hm^2。

随着重茬年限的增多，土壤中的硼、钼、锌等微量元素明显减少，应施用微量元素肥料，补充重迎茬地块微量元素的不足。未使用种衣剂时微肥可以拌种施用，也可以在初花期叶面喷洒（表 1-5）。

表 1-5 常用微肥使用剂量

微肥	拌种/(g/kg)	叶面喷肥	
		浓度/%	喷液量/(kg/hm^2)
钼酸铵	2～4	0.03～0.05	600～1 050
硼砂	1～3	0.10～0.20	750～1 125
硫酸锌	2.5～4	0.15～0.25	675～900
硫酸锰	2.5～6	0.08～0.10	750～1 050
硫酸镁	2～4	0.05～0.08	750～1 050

（三）适当增加种植密度

在重迎茬地块上，单位面积保苗株数达不到设计要求，是影响产量提高的重要因素。由于重迎茬地块土壤环境恶化，病虫害加重，对大豆生长极为不利，容易造成缺苗现象。目前绝大多数地区大豆保苗株数在 20 万株/hm^2 左右，达不到品种要求的适宜密度。重迎茬大豆个体发育受到影响，增加保苗株数，发挥群体的增产作用是提高产量的有效措施。因此，对重迎茬地块应增加密度 10%左右，并要求较高的播种质量。

（四）加强田间管理，防治病虫害

如果大豆前期长势较差，用尿素 10 kg/hm^2、磷酸二氢钾 1 500 g 和硫酸钾 66 g，溶于 500 kg 水中进行叶面喷洒。对未使用微肥作种肥或拌种的地块，可加入微肥喷施。

做好大豆胞囊线虫、根潜蝇、根腐病、灰斑病、食心虫、菟丝子等病虫草害的防治工作，为大豆生长发育创造良好的环境。

总之，造成重迎茬大豆产量降低、品质下降的原因是多方面的，是各种不利因素相互作用的结果。要种好重迎茬大豆，必须改善大豆的生育环境，满足大豆生育所需的营养，增强大豆自身抗性，加强病虫害防治，采取综合性措施最大限度地减缓重、迎茬的危害。

知识文库 20　大豆对土壤的要求

土壤能为大豆提供生长发育所需的养分以及适宜的地下生长环境。大豆对土壤的要求不是很严格，在沙质土、壤土、黏土上种植，只要排水良好、无内涝，均可获得较高产量。但以土层深厚、土壤疏松、通气良好、保水能力强、富含有机质和钙质的壤土最为理想，这种土壤有利于大豆子叶顶土出苗，促进根瘤的生长发育和固氮能力，促进根系深入发展。

土壤 pH 以 6.5～7.5 为宜。pH 低于 6.0 的酸性土壤往往缺钼，也不利于根瘤菌的繁殖；pH 高于 7.5 的土壤往往缺铁和锰。大豆不耐盐碱，总盐量低于 0.18%，氯化钠低于 0.03%，植株能正常生长；总盐量高于 0.60%，氯化钠高于 0.06%，植株死亡。

项目二　大豆播种阶段植保措施及应用

技术培训

大豆播种阶段植物保护措施是播后苗前土壤封闭除草。土壤墒情好，播前未施用除草剂的地块，可采取土壤封闭处理除草。目的是减轻杂草的危害，为大豆生长发育创造良好的环境，保证大豆产量。

一、封闭除草原理

杂草出土前将除草剂均匀喷施于土壤表层，杂草在萌发出土过程中，通过根或芽吸收药土层中的除草剂，使杂草死亡。

大豆播后苗前封闭除草(图 2-1)对小粒杂草种子如稗草、狗尾草、马唐、藜、苋、铁苋菜、香薷、繁缕等效果好，对大粒杂草种子如苍耳，多年生杂草小蓟、苣荬菜、问荆等效果不好，因此防治苍耳、小蓟、苣荬菜、问荆等杂草还应配合苗后茎叶处理及其他措施。

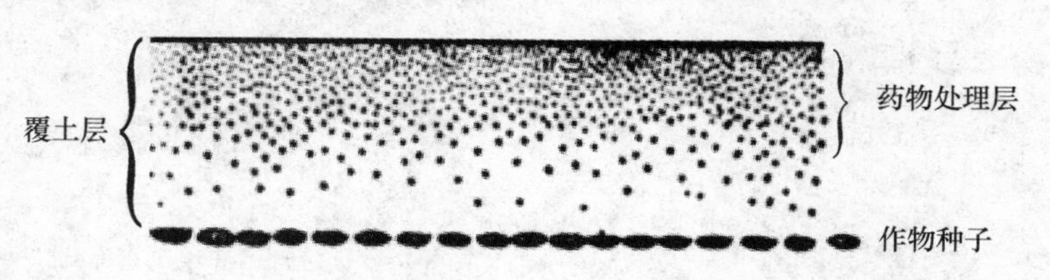

图 2-1　播后苗前土壤处理法除草

二、播后苗前土壤处理的特点

(1)播后苗前土壤处理优点　防除杂草于萌芽期或造成危害之前，有利于大豆苗期生长，除草效果比较稳定，而且施药成本低，即便防除效果不好，苗后还可以补救。

(2)播后苗前土壤处理缺点　一是土壤处理受土壤类型、有机质含量、酸碱度影响较大，土壤过于黏重、有机质含量过高或酸碱度不符合某种药剂时不适宜采用土壤处理。二是药效受气象条件影响较大，特别是春季干旱、风大和异常低温或高温都会影响除草效果，且低温易产生药害。三是有些除草剂如嗪草酮、2,4-D 丁酯、2,4-D 异辛酯等在早春多雨、土壤湿度大、沙质土、低洼地由于药剂淋溶易产生药害。

三、大豆田主要杂草种类

大豆田杂草从防除意义上可将其分为 3 类，即一年生禾本科杂草、一年生阔叶杂草和多年生杂草。

(1)一年生禾本科杂草　主要有稗草、狗尾草、金狗尾草、野黍、马唐、野燕麦等。

(2)一年生阔叶杂草　主要有藜(灰菜)、反枝苋(苋菜)、刺蓼、酸模叶蓼、龙葵(黑星星)、苍耳(老场子)、风花菜、水棘针、菟丝子、马齿苋、繁缕、萹蓄、野西瓜苗、铁苋菜、猪毛菜、香薷(野苏子)、狼把草(鬼杈)、卷茎蓼、鸭跖草(兰花菜)、猪毛菜、苘麻(麻果)等。

(3)多年生杂草　主要有小蓟(刺儿菜)、苣荬菜(取麻菜)、问荆(节骨草)、打碗花、碱草、芦苇等。

黑龙江省大豆田杂草自播种开始至8月上旬均有发生。由于化学除草剂和化肥的使用造成土壤酸碱度变化而杂草群落不断演变。其中阔叶杂草中鸭跖草、刺儿菜、苣荬菜被称为"三菜"成为大豆田杂草防除的难点。而禾本科杂草中狗尾草、野黍、碱草等发生基数呈上升趋势。问荆则因黑龙江省多数地区土壤酸性化程度逐步提高而发生基数越来越大。

四、黑龙江省大豆田常用的土壤封闭除草剂

1. 乙草胺、异丙甲草胺、异丙草胺

属酰胺类选择性内吸传导型除草剂。药剂主要被杂草幼芽吸收,单子叶杂草通过胚芽鞘吸收,双子叶杂草通过下胚轴吸收然后向上传导,根也能吸收,但吸收量少,传导速度慢。施药时如土壤水分适宜,杂草幼芽能充分吸收药剂,使杂草在出土前即被杀死。如土壤水分少,杂草出土后出现降雨土壤湿度增加,杂草根部吸收药剂仍可逐渐枯死。能有效地防除一年生禾本科杂草和一年生小粒种子繁殖的阔叶杂草,如稗草、狗尾草、马唐、藜、苋菜、铁苋菜、香薷等。

酰胺类除草剂在生产中一般与嗪草酮、2,4-D丁酯、2,4-D异辛酯、异噁草松、噻吩磺隆等药剂混用,以扩大杀草谱,提高对龙葵、苍耳、苘麻、小蓟等阔叶杂草的除草效果。一般用做土壤处理,可在播前或播后苗前使用。

2. 2,4-D丁酯

属苯氧羧酸类选择性内吸传导型除草剂,可被杂草的根、茎、叶吸收,即可从根部向上传导也可从茎、叶向根部传导,可有效防除藜、苋、蓼、苍耳、猪毛草、水棘针、问荆等。主要应用位差选择原理防除播后苗前已出土的早春阔叶杂草,要严格掌握施药时期,大豆播后施药过早因早春杂草尚未出土,2,4-D丁酯不能充分发挥药效,但施药过晚,临近大豆拱土期易造成药害。

3. 2,4-D异辛酯

2,4-D异辛酯不易挥发,性能稳定。与丁酯相比具有用量少、药效好、飘移性小、可混性强等特点,是丁酯的替代产品。2,4-D异辛酯的用法和防除对象与丁酯相同。

4. 噻吩磺隆

噻吩磺隆属磺酰脲类选择性内吸传导型除草剂,是安全性好、毒性较低、残效期短的品种之一。可被杂草根、茎、叶吸收,能有效防除酸模叶蓼、柳叶刺蓼、龙葵、苍耳等多种阔叶杂草。在干旱条件下施药后应浅混土或趟蒙头土。

噻吩磺隆是封闭除草剂中持效期最短的除草剂品种,对后期杂草控制效果较差,为了延长持效期及提高对杂草的防除效果,可同其他防除阔叶杂草的除草剂混用。

5. 嗪草酮

属三嗪酮类选择性内吸传导型除草剂,药剂主要被杂草根吸收随蒸腾流向上传导,也可被叶片吸收在杂草体内有限传导。施药后杂草萌发不受影响,杂草出苗后叶片退绿,最后营养枯

竭而死。嗪草酮主要防除苋、鬼针草、藜、蓼、苍耳、狼把草等多种阔叶杂草。土壤有机质含量在2%以下及沙质土、pH大于7、地势不平、整地质量不好及低洼地不能使用此除草剂，否则因为药剂淋溶造成药害。遇低温雨水大的年份也易产生药害，药害症状为叶片退绿、皱缩、变黄、坏死。

6. 异噁草松

属异噁唑二酮类内吸传导型除草剂，由杂草根、幼芽吸收随蒸腾流水分通过木质部传导造成叶片失绿、白化。异噁草松可有效防除稗草、狗尾草、马唐、龙葵、鬼针草、藜、蓼、苍耳、狼把草等一年生禾本科杂草及阔叶杂草，对多年生杂草小蓟、大蓟、苣荬菜、问荆有一定的抑制作用。

异噁草松是在大豆田除草剂中施药时期较长的除草剂，既能同乙草胺混用做播后苗前土壤封闭防除芽期杂草，又能同杀稗剂混用防除苗后阔叶杂草。异噁草松属长效除草剂，480 g/L异噁草松用量超过1 458 g/hm^2（有效成分大于700 g/hm^2）下茬不能种植小麦、亚麻、茄子、白菜、卷心菜等敏感作物。

7. 草甘膦

属有机磷类内吸广谱型灭生性除草剂，很容易经植物叶部吸收，迅速通过共质体而输导至植物体的其他部位。从叶和茎吸收后很易向地下根茎转移。24 h即可有较多药量转移至地下根系。适用于新开荒的地快、播后苗前已出杂草的地块以及多年生杂草多的地块防除早春杂草。

8. 丙炔氟草胺

属于N-苯基邻氨甲酰亚胺类触杀型选择性除草剂，可被植物的幼芽和叶片吸收，在植物体内进行传导，抑制叶绿素的合成造成敏感杂草迅速凋萎、白化、坏死及枯死。适用于播后苗前防除一年生阔叶杂草和部分禾本科杂草。如苋、藜、蓼、问荆、苣荬菜、小蓟、鬼针草、苍耳、狼把草等。

五、黑龙江省常用大豆田土壤封闭除草剂参考配方

目前，黑龙江省大豆田播前或播后苗前封闭除草配方基本上是以乙草胺、异丙甲草胺为主体，与不同地区的用药习惯、杂草群落、土壤、气候条件及农民的经济承受能力密切相关，构成了复配2,4-D丁酯、2,4-D异辛酯、噻吩磺隆、嗪草酮、异噁草松等不同格局。

以上各种配方各有利弊，从防效上来看，各种配方对一年生禾本科杂草和一年生阔叶杂草的防效基本相近，区别在于对多年生难防杂草如苣荬菜、大蓟、小蓟、问荆等的防除效果。咪唑乙烟酸、异噁草松、氯嘧磺隆三种药剂在高剂量情况下对后作影响较大，噻吩磺隆、2,4-D丁酯、2,4-D异辛酯对后作无影响。究竟选择哪种配方，应根据当地的土壤、气候条件、杂草群落、农户的经济条件及用药来年推荐意向等决定。

受种植结构调整、发展绿色食品对农药的使用要求及农民科技、商品意识的提高，一些除草效果好低毒、低残留、对作物安全的除草剂品种使用比例会不断上升，高残留对作物安全性较差的除草剂使用量会不断下降。但这种变化应该是个渐进的过程，重要的是应对农民向这个方向的引导，并在现实的基础上对农民加强除草剂使用技术指导，趋利避害，在不脱离实际的基础上争取最好的社会、生态、经济效益。

1. 播后苗前部分常规封闭除草参考配方

①90%乙草胺 1 700～2 000 mL/hm² +75%噻吩磺隆 15～25 g/hm²。

②90%乙草胺 1 700～2 000 mL/hm² +80%唑嘧磺草胺 48～60 g/hm²。

③90%乙草胺 1 700～2 000 mL/hm² +90%2,4-D 异辛酯 450～600 mL/hm²。

④90%乙草胺 1 700～2 000 mL/hm² +70%嗪草酮 300～500 g/hm²。

⑤90%乙草胺 1 700～2 000 mL/hm² +48%异噁草松 800～1 000 mL/hm²。

⑥90%乙草胺 1 700～2 000 mL/hm² +70%嗪草酮 300～400 g/hm² +48%异噁草松 800～1 000 mL/hm²。

⑦90%乙草胺 1 700～2 000 mL/hm² +75%噻吩磺隆 15～20 g/hm² +50%丙炔氟草胺 120～180 g/hm²。

⑧90%乙草胺 2 050～2 400 mL/hm² +48%异噁草松 1000～1200 mL/hm² +80%嘧唑磺草胺 30～40 g/hm² +72%2,4-D 丁酯 750 mL/hm²(苣荬菜、刺儿菜多时)。

注:96%异丙甲草胺 1 400～1 700 mL/hm² 可与 2,4-D 丁酯、噻吩磺隆、嗪草酮、异噁草松、丙炔氟草胺、嘧唑磺草胺混用,用法与用量同乙草胺。

异丙甲草胺安全性好于乙草胺,对大豆产量影响小,虽然用药成本高于乙草胺,但投入产出比要高于乙草胺,建议广大农户应选择安全性好、投入产出比高的异丙甲草胺。特别是地势较低洼的地块,春季雨水较大的年份,使用异丙甲草胺安全,大大降低出药害的几率。

2. 大豆拱土期

为了提高除草效果可选用安全性好的除草剂:精异丙甲草胺、异丙甲草胺、异噁草松、噻吩磺隆在大豆拱土期施药。不能使用乙草胺、嗪草酮、丙炔氟草胺、2,4-D 丁酯、2,4-D 异辛酯等易产生药害的除草剂。

◎ 技术推广

一、任务

向农民推广大豆播种阶段植保措施及应用技术。

二、步骤

(1)查阅资料　学生可利用相关书籍、期刊、网络等查阅大豆播种阶段植保措施及应用,为制作 PPT 课件准备基础材料。

(2)制作技术推广课件　能根据教师的讲解,利用所查阅资料,制作技术推广课件。要求做到内容全面、观点正确、图文并茂等。

(3)农民技术推广演练　课件做好后,以个人练习、小组互练等形式讲解课件,做到熟练、流利讲解。

三、考核

先以小组为单位考核,然后由教师每组选代表进行考核。

知识文库

知识文库 1　大豆苗前化学除草喷雾器械的选择及使用

一、喷雾器及喷头选择

人工喷雾推荐选用山东卫士牌 SW-16 型背负式喷雾器，苗前选用 TeeJet 11003 型扇形喷嘴，50 筛目过滤器；喷杆喷雾机苗前推荐选用 TeeJet 11003、11004 型扇形喷嘴，50 筛目过滤器。

二、喷液量确定

人工喷雾喷液量苗前 225～300 L/hm^2；喷杆喷雾机喷液量苗前 180～200 L/hm^2；飞机喷洒苗前 30～50 L/hm^2。

三、选择喷雾压力、车速

人工喷雾苗前喷雾压力 2 Pa，行走速度 3～4 km/h；喷杆喷雾机喷苗前喷雾压力 2～3 Pa，拖拉机车速 6～8 km/h；大型自走式喷杆喷雾机 10～16 km/h。

四、施药技术要点

施药应顺垄喷雾，定喷雾压力、喷头与地面高度和行走速度确保喷洒均匀。

知识文库 2　大豆田苗前土壤封闭除草药效的相关因素

大豆田杂草发生时期较长，基本伴随着前期至中期的生长，很难做到一次性除草解决全生育期杂草难题，因此根据其特点，一般采用苗前封闭和苗后茎叶二次处理方式。

播后苗前土壤处理指的是大豆播种后尚未出苗前将土壤处理除草剂均匀喷洒于土壤表面，建立起一个封闭的药土层，以杀死萌发的杂草。多数土壤处理除草剂采用这种施用方法，适用于通过根或幼芽吸收的除草剂，如乙草胺、2,4-D 丁酯等。

一、土壤条件

土壤类型、酸碱度、有机质含量、地势与除草剂的使用和除草效果都密切相关。有机质含量高，黏重的土壤对药剂的吸附能力强，使药剂在土壤中的有效成分不能全部被杂草吸收，从而降低药效。所以有机质含量在 6%以上的地块，就不能应用封闭除草剂，而应采取苗后茎叶处理。如黑龙江省的黑河、伊春地区有些地块土壤有机质含量达 8%～10%，这些地块不适宜使用封闭除草；而牡丹江、虎林、密山一带白浆土多，土壤黏重，应适当加大用药量，否则达不到除草效果;而有些地区土壤有机质含量在3%以下,且偏沙质土壤容易产生淋溶性药害,不能使用嗪草酮、2,4-D丁酯等易淋溶药剂。三江地区酸性土壤比较多,十年九涝,春季温度低,极易产生药害,要适当减少药量或选择安全性高的除草剂,并严格掌握用药量。

二、气候条件

春季干旱、风大和温度反常都会影响封闭除草效果。土壤处理一般要求除草药层要达到0.5 cm土层内,多数除草剂喷施后都靠土壤水分传导形成药层,如土壤干旱则喷药后药剂不能向下渗透形成药层。风大时,药剂很快又被大风刮走或挥发掉,大大降低除草效果。在干旱年份封闭除草必须采取混土措施,播前施药可用圆盘耙耙地混土,播后苗前施药,施药后趟一遍蒙头土,避免药剂被风刮走或挥发掉,保证药效。温度过低会降低除草剂活性,从而降低药效,但异常高温也会降低除草效果。高温且土壤水分好,杂草发芽后迅速出土,致使杂草的幼芽在土壤药土层内滞留时间短,很快穿透药土层使幼芽吸药量不足,达不到除草效果。

三、施药器械及使用

喷施化学除草剂对喷雾器械要求较高,喷施苗前封闭除草剂要求喷雾均匀,喷施量适中,一般要求喷雾器气室内压力2～3 Pa,采用扇形喷嘴(药罐要有调压压阀、压力表),每个喷嘴喷液量1.2～2.0 L/min,喷药量控制在15～20 L/亩。机械喷雾杆与地面高度要求40～60 cm,拖拉机速度应控制在6～8 km/h。

现在黑龙江省在喷雾器械的使用方面存在的问题较大。一是使用的背负式喷雾器打气筒压力不够,达不到2 Pa;二是使用锥形喷嘴的还很多,喷雾不均匀;三是机械喷雾药箱还有一部分是农民用汽油桶自己做的,无调压阀和压力表,压力不够;四是四轮车行驶速度忽快忽慢,喷杆距离地面高度过高或过低,造成喷药不均,滴、漏、跑、冒现象严重,严重影响除草效果且易造成药害。

四、施药技术

1. 用药量

在使用前应认真阅读使用说明,核对药剂包装的重量(容量),并根据土壤类型、有机质含量、土壤湿度确定合理的用药量。一般土壤黏重、有机质含量高、干旱应取推荐量的高量;土壤疏松、有机质含量低,湿度适宜应取推荐量的低量。施药时药剂和地块面积要量准,特别是高效除草剂用量低,称量时稍有误差就会影响药效或造成药害。

2. 用药时期

由于杂草对不同类除草剂的吸收部位、传导方式及作用机理不同,决定了每种除草剂只能对杂草的特定生育阶段有效或效果最佳。

现在应用的除草剂多数是被杂草芽鞘或下胚轴在通过药层时吸收,如施药时杂草已经出土就吸收不到足够的药剂,从而起不到杀草作用。另外,如混配防除阔叶杂草药剂在大豆拱土期可选用异丙甲草胺、异噁草松、噻吩磺隆,不能使用2,4D-丁酯、氯嘧磺隆、嗪草酮等药剂,此类药剂应避开拱土期,在播后出苗前3～5 d施药效果最佳且较安全。

黑龙江省封闭除草剂在用药时间方面存在的主要问题是用药偏晚,有些农户用药时多数杂草已经出土,从而降低了除草效果;有的施药时大豆已开始拱土,造成药害。

3. 用药方法

采用土壤封闭处理要求整地要精细，喷雾均匀，喷量适中，在春旱、春风较大的年份应在施药后进行浅混土或趟蒙头土，以保证药效。

黑龙江省农场播前施药采用混土措施较普遍，但地方播前苗前施药，在施药后采取混土或趟蒙头土措施的不多，在多数地区十年九春旱的自然条件下，难以保证封闭除草效果。

知识文库 3 常用的土壤封闭除草剂

一、乙草胺、异丙草胺、异丙甲草胺

乙草胺(50%乙草胺、900 g/L 乙草胺、990 g/L 乙草胺)、异丙草胺(50%异丙草胺、72%异丙草胺)、异丙甲草胺(720 g/L 异丙甲草胺、960 g/L.异丙甲草胺)都属酰胺类选择性内吸传导型除草剂。乙草胺、异丙草胺、异丙甲草胺都能有效地防除一年生禾本科杂草和一年生小粒种子繁殖的阔叶杂草，如稗草、狗尾草、马唐、黎、苋菜、铁苋菜、香薷等。乙草胺、异丙草胺、异丙甲草胺主要被杂草幼芽吸收，单子叶杂草通过胚芽鞘吸收，双子叶杂草通过下胚轴吸收然后向上传导，根也能吸收，但吸收量少，传导速度慢。施药时如土壤水分适宜，杂草幼芽能充分吸收药剂，使杂草在出土前即被杀死。如土壤水分少，杂草出土后出现降雨土壤湿度增加，杂草根部吸收药剂仍可逐渐枯死。这几种药剂的用量如下。

1. 乙草胺

用药量依据土壤类型、土壤含水量而定。土壤有机质 6%以下时，一般土壤疏松、含水量高的地块用 50%乙草胺 2.25～3.0 L/hm^2，900 g/L 乙草胺 1.8～1.95 L/hm^2，990 g/L 乙草胺 1.35～1.65 L/hm^2；土壤黏重、土壤含水量低的地块应适当增加用药量；土壤有机质 6%以上时，用 50%乙草胺 3.0～4.0 L/hm^2，900 g/L 乙草胺 1.8～2.25 L/hm^2，990 g/L 乙草胺 1.5～2.0 L/hm^2。

2. 异丙草胺

72%异丙草胺在不同土壤条件下的用量为：当土壤有机质含量 3%以下时，沙质土用 1.5 L/hm^2，壤质土用 2.25 L/hm^2，黏质土用 2.8 L/hm^2；当土壤有机质含量 3%以上时，沙质土用 2.1 L/hm^2，壤质土用 3.0 L/hm^2，黏质土用 3.5～3.7 L/hm^2。

3. 异丙甲草胺

土壤类型及有机质含量对异丙甲草胺的药效都有影响。720 g/L 异丙甲草胺土壤有机质含量 3%以下时，沙质土用 1.5 L/hm^2，壤质土用 2.25 L/hm^2，黏质土用 2.775 L/hm^2；土壤有机质含量 3%以上时，沙质土用 2.1 L/hm^2，壤质土用 2.775 L/hm^2，黏质土用 3.45 L/hm^2。960 g/L 异丙甲草胺土壤有机质含量 3%以下时，沙质土用 0.75 L/hm^2，壤质土用 1.1～1.2 L/hm^2，黏质土用 1.34～1.4 L/hm^2；土壤有机质含量 3%以上时，沙质土用 1.0～1.2 L/hm^2，壤质土用 1.4～1.5 L/hm^2，黏质土用 1.5～2.0 L/hm^2。

酰胺类除草剂目前在黑龙江省应用量最大的是乙草胺，其次是异丙甲草胺，异丙草胺用量最少。三种除草剂各有优缺点，除草剂活性的排列顺序是：乙草胺＞异丙草胺＞异丙甲草胺；

安全性排列顺序是:异丙甲草胺＞异丙草胺＞900 g/L 乙草胺＞50％乙草胺。各地应根据当地气候、土壤条件选择最适宜的品种,近几年乙草胺药害发生普遍,建议春季墒情好的年份及低洼易涝地应选用异丙甲草胺,在保证药效的前提下,提高对大豆的安全性。

二、2,4-D 丁酯

2,4-D 丁酯属苯氧羧酸类选择性内吸传导型除草剂,可被杂草的根茎叶吸收,即可从根部向上传导也可从茎叶向根部传导,可有效防除藜、苋、蓼、苍耳、猪毛草、水棘针、问荆。主要应用位差选择防除播后苗前已出土的早春阔叶杂草,因此要严格掌握施药时期,一般在大豆播后苗前 3～5 d,用 72％2,4-D 丁酯 0.75 L/hm^2 或 900 g/L2,4-D 丁酯 0.45～0.6 L/hm^2。大豆播后施药过早因早春杂草尚未出土,2,4-D 丁酯不能充分发挥药效,但施药过晚,临近大豆拱土期易造成药害。

注意事项:2,4-D 丁酯对已出土的阔叶杂草有防除作用,但持效期短,对后期杂草控制作用小;2,4-D 丁酯在低洼地块和沙质土壤中由于药剂的淋溶可对作物根部造成药害,在作物出苗期持续低温和连续降雨也易产生药害;2,4-D 丁酯对邻近作物会产生飘移和挥发性药害,施药期如周围有出土的马铃薯、蔬菜等敏感作物或温室大棚,很容易对其产生药害。

三、2,4-D 异辛酯

2,4-D 异辛酯是在 2,4-D 丁酯的基础上针对 2,4-D 丁酯挥发性强的问题进行了技术改进的新药剂。2,4-D 异辛酯不易挥发,性能稳定。与丁酯相比具有用量少、药效好、飘移性小、可混性强等特点,是丁酯的替代产品。2,4-D 异辛酯的用法和防除对象与丁酯相同。900 g/L 2,4-D 异辛酯0.45～0.6 L/hm^2。

四、唑嘧磺草胺

唑嘧磺草胺属三唑并嘧啶磺酰胺类低毒除草剂,残效期长、杀草谱广,土壤、茎叶处理均可。防治一年生及多年生阔叶杂草如问荆、荠菜、小花糖芥、独行菜、播娘蒿、蓼、婆婆纳、苍耳(老场子)、龙葵(黑星星)、反枝苋(苋菜)、藜(灰菜)、苘麻(麻果)、猪殃殃(涩拉秧)、曼陀罗等。

大豆播前土壤处理,80％唑嘧磺草胺用量 48～60 g/hm^2,苗后茎叶处理用量 20～25 g/hm^2。后茬不宜种植油菜、萝卜、甜菜等十字花科蔬菜及其他阔叶蔬菜。干旱及低温条件下唑嘧磺草胺仍能保持较好防效。

五、噻吩磺隆

噻吩磺隆属磺酰脲类选择性内吸传导型除草剂,是安全性好、毒性较低、残效期短的品种之一。可被杂草根茎叶吸收,能有效防除酸模叶蓼、柳叶刺蓼、龙葵、苍耳等多种阔叶杂草。用 15％噻吩磺隆 150～225 g/hm^2,25％噻吩磺隆 90～120 g/hm^2,75％噻吩磺隆 20～30 g/hm^2。在干旱条件下施药后应浅混土或趟蒙头土。

噻吩磺隆是封闭除草剂中持效期最短的除草剂品种,对后期杂草控制效果较差,为了延长持效期及提高对杂草的防除效果,可同其他防除阔叶杂草的除草剂混用。

六、嗪草酮

嗪草酮属三嗪酮选择性内吸传导型除草剂,药剂主要被杂草根吸收随蒸腾流向上传导,也可被叶片吸收在杂草体内有限传导。施药后杂草萌发不受影响，杂草出苗后叶片退绿，最后营养枯竭而死。嗪草酮主要防除苋、鬼针草、藜、蓼、苍耳、狼把草等多种阔叶草。土壤有机质含量在2%以下及沙质土、pH大于7、地势不平、整地质量不好及低洼地不能使用此除草剂，否则因为药剂淋溶造成药害。遇低温雨水大的年份也易产生药害，药害症状为叶片退绿、皱缩、变黄、坏死。

嗪草酮一般在播后出苗前3～5 d做土壤处理。土壤有机质含量在2%以下，沙质土不适合使用嗪草酮，壤质土用70%嗪草酮0.6～0.75 kg/hm²，黏质土用70%嗪草酮0.75～1.05 kg/hm²；土壤有机质含量在2%～4%时，沙质土用70%嗪草酮0.75 kg/hm²，壤质土用70%嗪草酮0.75～1.05 kg/hm²，黏质土用70%嗪草酮1.05～1.2 kg/hm²；土壤有机质含量在4%以上时，沙质土用70%嗪草酮1.05 kg/hm²，壤质土用70%嗪草酮1.05～1.2 kg/hm²，黏质土用70%嗪草酮1.05～1.35 kg/hm²。

七、异噁草松

异噁草松属异噁唑二酮类内吸传导型除草剂，由杂草根、幼芽吸收随蒸腾流水分通过木质部传导造成叶片失绿、白化。异噁草松可有效防除稗草、狗尾草、马唐、龙葵、鬼针草、藜、蓼、苍耳、狼把草等一年生禾本科杂草及阔叶杂草，对多年生杂草小蓟、大蓟、苣荬菜、问荆有一定的抑制作用。

异噁草松是在大豆田除草剂中施药时期较长的除草剂，既能同乙草胺混用做播后苗前的土壤封闭，防除芽期杂草，又能同杀稗剂混用防除苗后阔叶杂草。做土壤处理用480 g/L异噁草松0.75～1.05 L/hm²。异噁草松属长效除草剂，480 g/L异噁草松用量超过1 458 g/hm²（有效成分大于700 g）下茬不能种植小麦、亚麻、茄子、白菜、卷心菜等敏感作物。

八、草甘膦

草甘膦属有机磷类内吸广谱型灭生性除草剂，很容易经植物叶部吸收，迅速通过共质体而输导至植物体的其他部位。从叶和茎吸收后很易向地下根茎转移。24 h即可有较多药量转移至地下根系。适用于新开荒地快、播后苗前已出杂草地块以及多年生杂草多的地块防除早春杂草。新开荒地块用41%草甘膦水剂4.5 L/hm²，其他多年生杂草多的地块用41%草甘膦水剂3.0 L/hm²。

杂草中毒症状表现较慢，一年生杂草一般3～4 d后开始出现反应，15～20 d全株枯死；多年生杂草3～7 d后开始出现症状，地上部叶片先逐渐枯黄，继而变褐，最后倒伏，地下部分腐烂，一般30 d左右地上部分基本干枯，枯死时间与施药量和气温有关。

施药后6～8 h内下雨会降低药效，须重喷。药效须喷到杂草叶片上才有效，遇土失效。药液当天配当天用，不用污水配药。草甘膦具有酸性，喷药后立即清洗喷雾器。

九、丙炔氟草胺

属于N-苯基邻氨甲酰亚胺类触杀型选择性除草剂，可被植物的幼芽和叶片吸收，在植物体内进行传导，抑制叶绿素的合成造成敏感杂草迅速凋萎、白化、坏死及枯死。适用于播后苗前防除一年生阔叶杂草和部分禾本科杂草。如苋、藜、蓼、问荆、苣荬菜、小蓟、鬼针草、苍耳、狼把草，播种后出苗前，以60～90 g/hm²有效成分进行大容量地表均匀喷雾。然后与浅表土混合。大豆发芽后施药易产生药害，所以必须在苗前施药。

知识文库 4 常用的封闭除草剂配方

一、乙草胺混 2,4-D 丁酯或 2,4-D 异辛酯

一般用于大豆播后苗前做土壤处理,用 50%乙草胺 2.25～3.0 L/hm^2 或 900 g/L 乙草胺 1.8～1.95 L/hm^2 或 990 g/L 乙草胺 1.35～1.65 L/hm^2 混 72%2,4-D 丁酯 0.75 L/hm^2 或 90%2,4-D 异辛酯 0.45～0.6 L/hm^2,对水 225～300 L/hm^2 均匀喷雾,此方严格掌握用药时期,在大豆拱土期严禁使用。

此配方优点是对后作安全,成本低,能防除多数一年生禾本科杂草和阔叶杂草,并可杀死施药时已出土的一年生及多年生阔叶杂草。缺点是 2,4-D 丁酯和 2,4-D 异辛酯拱土期施药安全性差,持效期偏短。

二、乙草胺混噻吩磺隆

一般用于大豆播后苗前做土壤处理,用 50%乙草胺 2.25～3.0 L/hm^2 或 900 g/L 乙草胺 1.8～1.95 L/hm^2 或 990 g/L 乙草胺 1.35～1.65 L/hm^2 混 15%噻吩磺隆 150～220 g/hm^2 或 25%噻吩磺隆 90～120 g/hm^2 或 75%噻吩磺隆 20～30 g/hm^2,对水 225～300 L/hm^2 均匀喷雾。

此配方优点是安全性好、毒性低、对下茬无影响、用药成本低。缺点是噻吩磺隆持效期短,除草活性低,不能控制田间后期杂草。

三、乙草胺混嗪草酮

一般用于大豆播后苗前做土壤处理,用 50%乙草胺 2.25～3.0 L/hm^2 或 900 g/L 乙草胺 1.8～1.95 L/hm^2 或 990 g/L 乙草胺 1.35～1.65 L/hm^2 混 70%嗪草酮 0.3～0.4 kg/hm^2,对水 225～300 L/hm^2 均匀喷雾,根据土壤有机质含量和土壤类型调整用量,有机质含量高、土壤黏重用高量,反之用低量。

此配方优点是嗪草酮杀草谱广,且对阔叶杂草效果好,持效期长,可有效控制田间后期阔叶杂草。缺点成本较高,在土壤有机质 2%以下的沙质土壤、土壤可有效控制田间后期阔叶杂草;在土壤有机质 2%以下的沙质土壤、土壤酸度高于 7 的碱性土壤、低洼易涝地块及春季低温多雨年份易造药害。

乙草胺混用嗪草酮的基础上,每公顷加入 72% 2,4-D 丁酯 0.5～0.6L 防除出苗前田间已出土的阔叶杂草。

现常用的复配制剂有乙草胺混嗪草酮或乙草胺混嗪草酮混 2,4-D 丁酯。

四、乙草胺混异噁草松

一般用于大豆播后苗前做土壤处理,用 50%乙草胺 2.25～3.0 L/hm^2 或 900 g/L 乙草胺 1.8～1.95 L/hm^2 或 990 g/L 乙草胺 1.35～1.65 L/hm^2 混 480 g/L 异噁草松 0.8～1.0 L/hm^2,

对水 225～300 L/hm^2 均匀喷雾。

此配方优点是能提高苋菜、铁苋菜、苍耳的防除效果，并对多年生小蓟、大蓟、问荆等难防除杂草有一定的抑制作用。缺点是防治成本高。

乙草胺混用异噁草松的基础上，每公顷加入 72% 2,4-D 丁酯 0.5～0.6 L 防除出苗前田间已出土的阔叶杂草。

现常用的复配制剂有乙草胺混异噁草松或乙草胺混异噁草松混 2,4-D 丁酯。

五、异丙甲草胺与其他药剂混用

一般用于大豆播后苗前，用 720 g/L 异丙甲草胺 2.25～3.0 L/hm^2 或 960 g/L 异丙甲草胺 1.35～2.0 L/hm^2，可与 2,4-D 丁酯、噻吩磺隆、嗪草酮、异噁草松混用，用法用量同乙草胺上述药剂配方。

异丙甲草胺安全性好于乙草胺，对大豆产量影响小，虽然成本高于乙草胺，但投入产出比高于乙草胺，建议使用。特别是地势低洼的地块、雨水较大的年份使用该配方较安全，大大降低出药害的几率。

六、咪唑乙烟酸与其他药剂混用

咪唑乙烟酸与乙草胺、异丙甲草胺、异丙草胺、异噁草松混用，可以减少咪唑乙烟酸用药量，减轻对后作的影响，同时可以克服咪唑乙烟酸在干旱条件下对禾本科杂草药效差的缺点。咪唑乙烟酸同乙草胺混用可提高对鼬瓣花、鸭跖草、野燕麦、菟丝子、香薷等杂草的防除效果；同异丙甲草胺、异丙草胺混用可提高对鸭跖草、菟丝子的防效；同异噁草松混用可提高对鸭跖草、香薷、苣荬菜、大蓟、小蓟、问荆等的防效；同乙草胺、异噁草松进行三元混配可提高对鼬瓣花、鸭跖草、野燕麦、香薷、苣荬菜、大蓟、小蓟、问荆的防效。具体配方如下(用药量为每公顷量)：

50 g/L 咪唑乙烟酸 0.75～1.0 L＋900 g/L 乙草胺 1.0～1.5 L。

50 g/L 咪唑乙烟酸 0.75～1.0 L＋960 g/L 异丙甲草胺 0.7～1.4 L。

50 g/L 咪唑乙烟酸 0.75～1.0 L＋480 g/L 异噁草松 0.75～1.0 L。

50 g/L 咪唑乙烟酸 0.75～1.0 L＋480 g/L 异噁草松 0.6～0.75 L＋900 g/L 乙草胺 1.0～1.2 L。

知识文库 5　播种期的确定

黑龙江省大豆播种期以 5 cm 耕层土温稳定通过 8℃时开始播种为宜。正常年份中部和南部地区的适宜播种期为 4 月 25 日至 5 月 10 日，最晚不迟于 5 月 20 日；东部和北部地区的适宜播种期为 5 月 1 日至 5 月 15 日，最晚不迟于 5 月末。

播种过早，在春播大豆区，由于土壤温度低，发芽慢，易受镰刀菌感染而烂种。播种过晚，虽出苗快，但由于气温高，幼苗地上部生长快，细弱不壮，如果墒情不好，还会造成出苗不齐，而且浪费积温，生育期延迟，降低大豆的产量和质量。

在适宜播种期内，要因品种类型、土壤墒情等条件确定具体播期。中晚熟品种应适当早播，以保证在霜前成熟；早熟品种应适当晚播，以便发苗壮棵，提高产量。土壤干旱播期可适当提前，土壤水分过多可适当延后。

知识文库 6　播种量计算

按公顷保苗数要求，根据种子净度、发芽率、百粒重及田间损失率计算播种量。

$$\text{播种量}(\mathrm{kg/hm^2})=\frac{\text{公顷计划保苗数}\times\text{百数重}(\mathrm{g})}{\text{发芽率}(\%)\times\text{净度}(\%)\times10^5\times[1-\text{田间损失率}(\%)]}$$

在确定播种量的基础上进行播量调试。田间损失率一般按 10%～15%计算。

根据“肥地宜稀，薄地宜密；晚熟品种宜稀，早熟品种宜密；早播宜稀，晚播宜密；肥、水、气候条件好的宜稀，反之宜密”的原则及不同的播种方式方法确定。通常情况下，大豆播种量为 60～75 kg/hm^2。

大豆播种深浅应根据种粒大小、土质和墒情而定，小粒种子，墒情不太好，土质疏松宜深些；反之宜浅。一般以 4～5 cm 为宜。播后要及时镇压，以利保墒，出苗整齐。

知识文库 7　种肥施用

种肥以磷为主，配合氮和钾。施氮量不宜过多，否则会抑制根瘤形成，引起幼苗徒长。根据土壤有机质、速效养分含量、品种特性、施肥经验及肥料性质，确定具体的施肥量。一般肥力土壤上，每公顷用磷酸氢二铵 100～150 kg，硫酸钾 30～50 kg。

知识文库 8　播种方法

一、大豆三垄栽培法

1. 产生

大豆三垄栽培技术是黑龙江省八一农垦大学针对黑龙江省东部三江平原低湿地区大豆生产存在的问题，采取的一种以深松为主体的综合性技术措施。所谓三垄，即是在垄作基础上采用 3 项技术措施：一是垄体、垄沟分期间隔深松，二是垄体深松的同时施用底肥，三是垄上双条精量点播，同时施用种肥，后期看苗追肥。它成功地吸取了近期农业科学研究领域大豆方面的单项成果，集合组装成一套栽培技术体系，并由一台定型专用耕播机具同时完成上述几项作业，达到了农机与农艺完美的结合。此项技术优点是采用垄作深松与分层深施肥相结合的做法，增强了大豆的抗旱、抗涝、抗病、抗倒、抗低温的能力，并提高了土壤的供肥、供水、供氧、供热和提高贮肥、贮水、贮氧的能力。采用垄上双条精量点播与耕种结合、耕管结合、耕防结合等复式作业，协调了土壤中水、肥、气、热的关系，因而提高了大豆的光合生产效率、土壤水分利用率、肥料利用率和有效积温的利用率，曾作为黑龙江垦区及农村地方主要采用的栽培模式。

2. 技术措施

(1)深松技术　深松深度以打破犁底层为准，垄体深松达到犁底层下 8～12 cm，垄沟深松达到犁底层下 8～15 cm。根据深松部位不同，可分为垄体深松、垄沟深松和全方位深松。垄体深松有 2 种方法：一种是整地深松也叫深松起垄，这种方法是结合整地进行深松起垄，如搅麦茬深松和在耕翻或耙茬的基础上深松起垄；另一种是深松播种，使用大型“三垄”耕播机，在垄体深松的同时进行深施肥和精量播种，这种方法是 3 种技术一次作业完成。垄沟深松是用深松铲对垄沟进行深松，根据生育期的不同，可分为播后出苗前垄沟深松和苗期垄沟深松等，也可利用小型“三垄”耕种机在播种同时进行垄沟深松。全方位深松是指利用全方位深松机对整个耕层进行深松，可以做到土层不乱，加深耕作层，深松深度可达 50 cm 以上。

(2)化肥深施技术　化肥作种肥，施肥深度要在种下 5 cm 处为宜。化肥作底肥，施肥深度要达到 15～20 cm，即施在种下 10～15 cm 处为宜。目前生产上应用的小型精量播种机都能做到化肥深施；黑龙江省依兰、海伦生产的大型“三垄”耕播种机不仅能做到深施肥，还可以做到种肥和底肥同时施入，即分层施肥。

(3)精量播种技术　一般每公顷保苗 28 万～33 万株，垄上双条播，播种时大行距 70 cm，小行距 10～12 cm。品种选择上以分枝性弱的品种为宜。精量播种是实现大豆植株分布均匀、克服缺苗断空、合理密植、提高产量的重要技术措施。目前除在劳动力充足的地方，农民还采用人工扎眼、人工摆种等人工精量播种方法外，绝大多数地方都已采用机械精量播种。机械精量播种能做到开沟、下种、施肥、覆土、镇压连续作业，不但加快了播种进度，缩短了播期，还能保证播种质量。三垄栽培的适宜品种为主茎型品种。

大豆“三垄”栽培技术，不仅是 3 项技术的简单组合，同时必须与其他栽培技术措施相互配合，如选择适宜优良品种，严格进行种子精选；实行伏秋精细整地；适时播种，保证播种质量；合理施肥，增施有机肥；加强病虫害防治、田间管理等，才能最大限度发挥其增产潜力。

3. 三垄栽培法优点

①深松形成虚实并存的土体结构，提高了土壤的通透性，打破了犁底层，加深了耕层，改善了土壤结构，有利于大豆根系的发育和根瘤的形成。

②垄体分层施肥，提高了化肥的利用率，并延迟了供肥时间，防止生育后期脱肥。目前生产上应用的小型精量播种机都能做到化肥深施；还可以做到种肥和底肥同时施入。

③垄土双条精量点播既减少了用种量，又克服了缺苗断垄现象，使群体分布更加合理。

二、大豆等距穴播法

(一)技术

大豆等距穴播法行距 65 ～70 cm，穴距 18 ～20 cm，每穴 3 ～4 株。公顷保苗 18 万～21 万株。

(二)大豆等距穴播法优点

①合理布局了群体结构,创造了良好的通风透光条件,可以延迟封垄,以后期植株生长有利,延长中下部叶片工作时间,减少底叶枯黄。

②每穴内种粒集中,拱土能力强,出苗齐而全。

③穴间距大,铲地时易消灭净苗眼草,便于管理。

(三)适宜品种

大豆等距穴播法以植株高大、繁茂、分枝性弱的中晚熟品种为宜。

三、大豆窄行密植播种法

黑龙江省传统的大豆栽培是采用宽行垄作栽培,垄距为 65～70 cm。20 世纪 80 年代初开始推广大豆"早、晚、密"栽培技术,即采用早熟品种,适当晚播,并加大种植密度,在当时较低的生产水平下,大豆产量得到了提高。大豆"早、晚、密"栽培技术为现在的窄行密植技术的推广积累了经验。大豆"窄行密植"栽培的增产机理主要表现为:增加密度以提高光合效率;缩小行距,使株、行距尽量相等,保证植株分布均匀;选用秆强的半矮秆品种防止倒伏。大豆窄行密植栽培法的相关技术措施如下:

1. 选择适宜的品种

大豆窄行密植栽培技术要求品种不产生倒伏,否则就要减产。因此应选择秆强抗倒、增产潜力大的矮秆或半矮秆品种。目前生产上比较适宜的品种有合丰 42、合丰 35、垦丰 16、北丰 14、红丰 11、黑河 22 等。另外选择比当地熟期稍早的品种对增产有利,但熟期不能过早,否则浪费积温,影响产量。

2. 精细整地

大豆窄行密植栽培技术对耕层要求严格。平作窄行密植栽培在生育期间不进行中耕,增温、防旱、抗涝、抗倒伏能力减弱,因此要求有良好的耕层构造。要求达到耕层深厚、地表平整、土壤细碎。大垄窄行密植由于垄上增加了行数,给机械播种增加了难度,因此对整地要求比常规垄作更高,要求耕层深厚,垄上土壤无根茬、平整、细碎、疏松。

根据前茬土壤情况采用深翻、耙茬深松或耙茬的整地方法,平播地块秋整地后达到待播状态。大垄窄行密植和小垄窄行密植的地块在秋整地的基础上进行秋起垄。大垄窄行密植做成 90～140 cm 的大垄,垄高 15～18 cm,垄体压实后垄沟到垄台的高度应达到 18 cm。小垄窄行密植止前多采用 45～50 cm 的小垄,镇压后达到待播状态。

3. 增加肥料投入

大豆窄行密植栽培要实现高产,必须增加肥料的投入,做到合理施肥。首先是增施有机肥,中等肥力地块的施用量应达到 22 500 kg 以上。其次是化肥要氮、磷、钾配合,施用量比常规垄作增加 15%以上。有机肥和化肥都要做到深施或分层施。需要注意的是,由于窄行密植栽培法垄型较小,行距小于 30 cm 以下的不能起垄,因此植株抗倒伏能力较弱,需要加大钾肥的施入量。

4. 保证播种质量

运用窄行密植栽培法,黑龙江省中、南部地区公顷保苗 33 万～38 万株,东部和北部地区公顷保苗 36 万～46 万株。平作窄行密植采用 24 行播种机,隔一个播种口堵一个,也可采用大型联合耕播机播种。30 cm 行距的除采用上述机械外,也可使用小四轮驱动的 1.4 m 精量点播机播种。大垄窄行密植，进行机械垄上精量播种，三垄变两垄的垄距为 90 ～105 cm，采用垄上 4 行播种机播种；两垄变一垄的垄距为 120 ～140 cm，采用桦丰 2BKM-IB 型大垄窄行专用播种机垄上播种 6 行。45 ～50 cm 的小垄可在原机具上进行适当调整，垄上播 2 行。播后及时镇压。黑龙江省适宜播种期中南部地区 4 月 25 日至 5 月 10 日，东部和北部地区 5 月 1 日至 5 月 15 日。

5. 加强管理

在大豆初花期至盛花期，如果生长过旺，可施用多效唑、三碘苯甲酸、大豆丰收宝等化控剂，以保花、保荚，防止倒伏。有条件的地区可采用飞机作业，降低生产成本。

四、大豆行间覆膜播种法

(一)增产原理

大豆行间覆膜技术是应用大豆行间覆膜机进行的播种、施肥、覆膜、镇压等作业环节一次完成的大豆平播垄管技术。覆膜后可以减少土壤水分蒸发，达到蓄水保墒的目的。天上降水留在膜带内不流失，是春旱多发地区实现全苗的重要技术措施。化肥施于膜下，可减少化肥的挥发和淋溶，从而提高化肥的利用率。采用该项技术可使土壤温度提高 3～5℃，增加有效积温 300℃左右，肥料利用率提高 10％以上，大豆产量提高 30％左右。

(二)技术要点

(1)地块选择　该技术适宜用在经常受干旱影响，地势平坦、耕性良好、有一定量的底墒、排水良好的平岗地。春季土壤墒情好、无春旱发生的地区不宜采用该项技术。洼地、易内涝的地块不适合采用该技术。茬口宜选择麦茬、玉米茬和杂粮茬的地块，不宜选向日葵茬、甜菜茬，杜绝重迎茬。

(2)整地　伏秋整地，严禁湿整地。对没有深松基础的地块采取深松，深松深度 35 cm 以上。有深松基础的地块采取耙茬或旋耕，耙茬深度 15～18 cm，旋耕深度 14～16 cm。秋起 110 cm的大垄，垄面宽 80 cm，并镇压。无论采取何种耕作方法，在整地前必须要将地块清理干净，以保证覆膜质量。

(3)播种与覆膜　覆膜时机要随土壤墒情而定。在墒情好的情况下，随铺膜随播种；在土壤过于干旱时，则要等雨抢墒随铺随种；如果土壤湿度过大，则应晾晒，待土壤松散时再铺膜播种。覆膜总的原则是：严、紧、平、宽。采取机械覆膜质量好，效率高还节省地膜，地膜两边要用土压实，每隔 2～3m 压上一土带。黑龙江省在 5～10 cm 地温稳定通过 7～8℃时开始播种。选择审定推广的优质、高产、抗逆性强，在当地能正常成熟的品种。一般播量为 45～60 kg/hm^2，保苗数 25～33 株/m^2 为宜。一般用地膜量 60 kg/hm^2 左右。为了减少白色污染，大豆行间覆膜栽培技术要求采用厚度 0.008～0.01 mm 的薄膜覆膜以便于田间揭膜。行距为 110 cm，中间覆 70 cm 宽的地膜，在地膜两外侧距膜边距 2.5 cm 处进行播种，播种的苗带间距为 35 cm(即每相隔 40 cm 铺 1 行 70 cm 宽地膜，在距膜两外侧 2.5 cm 处播种)。

(4)施肥方法　施肥方式为侧深施肥，肥料施在膜内，距种子侧 10 cm，分为两层，第 1 层为种下 7 cm，第 2 层为种下 14 cm。使大豆根系在不同时期都可以有效地吸收到养分，因肥料在膜内，所以减少了肥料挥发损失，同时也提高了土壤微生物的活性，因此比直播提高了肥料的利用率。

(5)化学除草　除草方式以土壤处理为主,茎叶处理为辅。大豆田苗前选用安全性好的除草剂。土壤处理和茎叶处理应根据杂草的种类和当时的土壤条件选择施药品种和施药量。茎叶处理可采用苗带喷雾器,进行苗带施药,药量要减 1/3。喷液量土壤处理 150～200 L/hm^2,茎叶处理喷液量 150 L/hm^2。

(6)生长调控　由于行间覆膜有提墒、增墒、增温、提高肥料利用率的作用,使大豆植株生长旺盛,因此,应视植株生长状况,在初花期选用多效唑、三碘苯甲酸等生长调节剂进行调控,控制大豆徒长,防止后期倒伏。

(7)残膜回收　在大豆封垄前将膜全部清除并回收,防止白色污染。起膜后在覆膜的行间进行中耕。其余栽培技术与大田相同。

(三)注意事项

首先,不能选择过晚品种,要选择在本地能正常成熟的品种。其次,大豆行间覆膜技术应选择适应的区域应用,在干旱地区或干旱年份应用,有极大的增产潜力;而在水分充足的地块应用此项技术反而会影响根系发育而造成不良后果。最后,要选用拉力强度大的膜,以利于膜的回收,不污染环境。

知识文库 9　大豆对养分的要求

大豆对氮、磷、钾需求最多,其次是钙、镁、硫等元素。每生产 100 kg 籽粒约需吸收氮(N) 7.5～9.3 kg,磷(P_2O_5)1.5～2.3 kg,钾(K_2O)3.9～4 kg,三者比例约为 5∶1∶2。

大豆氮素来源有两方面:一是从土壤中吸氮,二是由根瘤菌固氮。大豆生长前期以从土壤中吸收氮素为主,中后期以根瘤菌固氮为主。从根瘤菌的固氮能力看,在不同生育时期,根瘤菌固氮能力不一致,苗期固氮能力弱,开花期则迅速增强,籽粒形成初期达到高峰,鼓粒后减少;从吸收土壤中氮素的能力看,苗期吸氮少,始花期吸氮增多,鼓粒期达到高峰,从鼓粒后期到成熟期又减少。

大豆植株平均含氮量为 2%。苗期当子叶中的氮素耗尽,而根瘤菌尚不能固氮时,会出现幼苗氮素饥饿现象,必须施用一定量的氮素作种肥。到了鼓粒期,根瘤菌的固氮能力已经衰弱,也会出现缺氮现象,这时通过叶面追肥可满足植株对氮素的需求。

大豆吸收磷的动态与干物质积累动态基本相符,吸磷高峰期正值开花结荚期。磷在大豆体内能够移动或被再利用。

钾元素在大豆植株体内的积累速率以结荚末期至鼓粒中期最高,初花期至结荚末期次之,出苗至初花期最小。

钙是大豆植株中含量较多的灰分元素之一,大豆吸收钙较多,具有“石灰植物”之称。全株含量为 1.1%～1.4%,其中籽粒为 0.23%,茎为 0.7%～1.6%,叶为 2.0%～2.4%。大豆开花期缺钙,花荚脱落率明显提高。

大豆对微量元素的吸收量极少。各种微量元素在大豆植株中的含量分别为:镁 0.97%、硫 0.69%、氯 0.28%、铁 0.05%、锰 0.02%、锌 0.006%、铜 0.003%、硼 0.003%、钼 0.000 3%、钴 0.001 4%。但硼和钼与大豆根瘤菌的固氮作用密切相关,因此,缺乏时会降低根瘤菌的固氮作用,影响大豆产量。

知识文库 10　大豆对热量的要求

大豆是喜温作物。不同品种在全生育期内所需要的大于或等于 10℃的活动积温相差很大,黑龙江省的中晚熟品种要求 2700℃以上,而超早熟品种则在 1 900℃左右。

黑龙江省大豆种子萌发的最低温度是 6～7℃,最适温度为 25～32℃。幼苗期生长的最低温度为 8～10℃,正常生长温度为 15～18℃,最适温度为 20～22℃。苗期可短时间忍受－3～－2℃的低温,当气温降到－5℃时幼苗就会被冻死。分枝期要求的适宜温度为 21～23℃。开花结荚期要求的最低温度为 16～18℃,最适温度为 22～25℃,低于 18℃或高于 25℃,花荚脱落增多。鼓粒期要求的最低温度为 13～14℃,成熟期为 8～9℃,一般 18～19℃有利于鼓粒,14～16℃有利于成熟。鼓粒成熟期昼夜温差大,有利于降低呼吸作用,促进同化产物的积累,增加百粒重。

知识文库 11　大豆对光照的要求

大豆是喜光作物。但盛花期后,大豆群体中、下层的光照是不足的,这里的叶片主要靠散射光进行光合作用。因此,采取适当的耕作栽培措施,改善大豆群体中下部的光照条件,是促进大豆增产的一项重要措施。

大豆是短日照作物,对日照长度反应极其敏感。大豆开花结实要求较长的黑夜和较短的白天。认识大豆的光周期特性,可以在引种上加以利用。同纬度地区间引种容易成功,低纬度地区大豆向高纬度地区引种,生育期延迟,霜前有可能不能成熟。反之,高纬度地区大豆品种向低纬度地区引种,则生育期缩短,产量下降。严格说来,每个大豆品种都有其对生长发育适宜的日照长度,只要日照长度比适宜的日照长度长,大豆植株即延迟开花;反之,则提早开花。但是大豆对短日照的要求是有限度的,并非越短越好。一般品种每日 12 h 的光照即可起到诱导开花的作用,9 h 光照对部分品种仍有诱导开花的作用。但当每日光照缩短为 6 h 的时候,则营养生长和生殖生长均受到抑制。大豆结实器官的发育和形成要求短日照条件,其中早熟品种的短日性弱,晚熟品种的短日性强。

知识文库 12　黑龙江省主要栽培品种

1. 合丰 39 号

特征特性:该品种为亚有限结荚习性,植株较高大,秆强,节间短,有分枝,结荚密,三、四粒荚多，叶披针形，花紫色，茸毛灰白色，荚成熟时褐色。籽粒圆形，种皮黄色，有光泽，脐黄色，百粒重 19～20 g，蛋白质含量 42.52％，脂肪含量 19.06％，生育期 121 d，需活动积温2 353.9℃，为中熟品种。中抗灰斑病，中抗病毒病 SMV 一号株系。

适应区域：合丰 39 号适于黑龙江省第二积温带大面积种植，以及第一积温带的下限和第三积温带的上限做搭配品种种植。

2. 合丰 40 号

特征特性：该品种为亚有限结荚习性，株高中等，秆强，节间短，有分枝，结荚密，三、四粒荚多，顶荚丰富，叶披针形，花白色，茸毛灰白色，荚熟褐色，籽粒圆形，种皮黄色，有光泽，脐黄色，百粒重 19～20 g，蛋白质含量 37.64％，脂肪含量 22.02％。生育期 113 d，需活动积温 2 275.3℃，为早熟品种，中抗灰斑病。

适应区域：适于黑龙江省第三积温带大面积种植，以及第二积温带的下限和第四积温带的上限做搭配品种种植。

3. 合丰 41 号

特征特性：无限结荚习性，植株繁茂，秆强，节间短，多分枝，结荚密，三、四粒荚多，叶披针形，紫花，茸毛灰白色，荚熟褐色，籽粒圆形，种皮黄色，有光泽，脐浅黄色，百粒重 19 g，蛋白质含量 38.71％，脂肪含量 21.46％。生育期 116 d，需活动积温 2427.3℃，为中熟偏早的品种，中抗灰斑病。

适应区域：黑龙江省第二积温带东部地区。

4. 合丰 42 号

特征特性：亚有限结荚习性，株高 50～60 cm，秆极强，节间短，有分枝，结荚密，三粒荚多，叶圆形，白花，茸毛灰白色，荚熟浅褐色、弯镰形，籽粒圆形，种皮黄色，有光泽，脐褐色，百粒重 18～20 g，脂肪含量 23.04％，蛋白质含量 38.65％，生育期 112 d，需活动积温 2 230.7℃，为早熟品种，虫食率 0.5％，抗灰斑病。

适应区域：黑龙江省第三、四积温带大面积种植，以及内蒙古自治区的呼盟、兴安盟等地区种植。

5. 合丰 45 号

特征特性：无限结荚习性，植株较繁茂，秆强不倒伏，节间短，有分枝，结荚密，三、四粒荚多，叶披针形，花白色，茸毛草黄色，荚熟草黄色，籽粒圆形，种皮黄色，脐浅褐色，百粒重 22～23 g，蛋白质含量 40.48％，脂肪含量 21.51％。生育期 117 d，需活动积温 2 347.5℃，为中熟品种，抗灰斑病、疫霉根腐病、中抗大豆花叶病毒病 SMV1 号株系。

适应区域：黑龙江省第二积温带中部和南部地区。

6. 合丰 46 号

特征特性：亚有限结荚习性，株高 80～85 cm，秆强不倒伏，节间短，结荚密，三、四粒荚多，叶披针形，花紫色，茸毛灰白色，荚熟黄色，籽粒圆形，种皮黄色，有光泽，脐浅黄色，百粒重18～20 g。蛋白质含量 39.75％，脂肪含量 21.28 g，生育期 115 d，需活动积温 2 382.3℃，为早熟品种。中抗灰斑病，中抗花叶病毒病 SMV1 号株系。

适应区域：黑龙江省第三积温带，第二积温带下限做搭配品种，也适宜吉林、内蒙古等同等条件的地区。

7. 合丰47号

特征特性：亚有限结荚习性，株高85～90 cm，主茎15～16节，有分枝，紫花，长叶，灰白色茸毛，荚熟为褐色，籽粒圆形，种皮黄色，有光泽，脐浅黄色，百粒重20～22 g。脂肪含量22.85%，蛋白质含量38.11%。中抗灰斑病。生育期116 d，需活动积温2 300℃左右。

适应区域：黑龙江省第二积温带。

8. 合丰48号

特征特性：亚有限结荚习性，植株高80～85 cm，节间短，结荚密，三粒荚多，顶荚丰富，圆叶，紫花，灰白色茸毛，荚熟褐色，籽粒圆形，种皮黄色，有光泽，种脐浅黄色，百粒重22～25 g，蛋白质含量38.7%，脂肪含量22.67%，在适应区，生育期117 d，需≥10℃活动积温2 350℃左右。接种鉴定抗灰斑病、中抗花叶病毒病SMV1号株系。

适应区域：黑龙江省第二积温带。

9. 合丰49号

特征特性：无限结荚习性，植株高85～90 cm，节间短，结荚密，三、四粒荚多，尖叶，紫花，籽粒圆形，种皮黄色，脐浅黄色，百粒重18 g左右，蛋白质含量40.56%，脂肪含量19.58%，在适应区，生育期119 d，需≥10℃活动积温2 350℃左右。接种鉴定抗灰斑病、中抗花叶病毒病SMV1号株系。

适应区域：黑龙江省第二积温带。

10. 合丰50号

特征特性：亚有限结荚习性。株高85～90 cm，秆强，节间短，每节荚数多，三、四粒荚多，顶荚丰富，紫花，尖叶，灰白色茸毛，荚熟褐色，籽粒圆形，种皮黄色，有光泽，种脐浅黄色，百粒重20～22 g。蛋白质含量37.41%，脂肪含量。在适应区，生育期116 d左右，需≥10℃活动积温2 350℃左右。

适应区域：黑龙江省第二积温带。

11. 合丰51号

特征特性：亚有限结荚习性。株高80～85 cm，秆强，节间短，三、四粒荚多，顶荚丰富，紫花，尖叶，灰白色茸毛，荚熟褐色，籽粒圆形，种皮黄色，有光泽，种脐浅黄色，百粒重20～22 g。蛋白质含量40.15%，脂肪含量21.31%，接种鉴定中抗灰斑病，在适应区，生育期113 d，需≥10℃活动积温2 200℃左右。

适应区域：黑龙江省第三积温带。

12. 合丰55号

特征特性：无限结荚习性。株高90～95 cm，有分枝，紫花，尖叶，灰色茸毛，荚熟弯镰形，成熟时呈褐色。籽粒圆形，种皮黄色，种脐黄色，有光泽，百粒重22～25 g。蛋白质含量39.35%，脂肪含量22.61%。接种鉴定中抗灰斑病、抗疫霉病、抗花叶病毒病SMV1号株系。在适应区，生育期117 d左右，需≥10℃活动积温2 365.8℃左右。

适应区域：黑龙江省第二积温带。

13. 绥农11号

特征特性：无限结荚习性，幼茎绿色，长叶，白花，灰色茸毛，株高80 cm，分枝力较强，株型收敛，节间短，结荚较密且均匀，三、四粒荚多，籽粒圆形，黄色，脐无色。百粒重18～20 g，蛋白质含量41.64%，脂肪含量21.25%。经接种鉴定对灰斑病为中抗，秆强抗倒，喜肥水，生育期

110～115 d，需活动积温 2 200～2 300℃。

适应区域：黑龙江省中、西部第三积温带。

14. 绥农 14 号

特征特性：生育期 115～120 d，需活动积温 2 400～2 500℃。长叶，紫花，灰毛，有分枝，秆强，节间短，亚有限结荚习性。株高 95 cm，主茎结荚密，三、四粒荚多，上下着荚均匀。籽粒圆形，脐无色，百粒重 20～22 g，蛋白质含量 41.72%，脂肪含量 20.48%。

适应区域：黑龙江省第二积温带中部平原区。

15. 绥农 20 号

特征特性：株高 85 cm 左右，分枝力强，株型收敛，节间短，结荚密，三、四粒荚多，长叶，白花，灰毛，无限结荚习性，籽粒略扁圆，种皮鲜黄色，有光泽，脐无色，百粒重 21 g 左右，蛋白质含量 37.72%，脂肪含量 23.12%。秆强抗倒，喜肥水，适应性强，生育期 115 d 左右，需活动积温 2 300℃左右。

适应区域：黑龙江省第三积温带。

16. 绥农 22 号

特征特性：无限结荚习性，株高 80 cm 左右，有分枝，株型收敛，紫色胚轴，尖叶，紫花，灰色茸毛。荚微弯镰形，成熟时呈深褐色，不炸荚。籽粒圆形，种皮黄色，略有光泽，种脐浅黄色，子叶黄色，百粒重 22 g 左右，蛋白质含量 39.66%，脂肪含量 20.06%。在适应区，生育期 118 d 左右，需≥10℃活动积温 2 400℃左右。接种鉴定中抗灰斑病。

适应区域：黑龙江省第二积温带。

17. 绥农 23 号

特征特性：无限结荚习性。株高 90 cm 左右，主茎结荚型，有分枝，株型收敛，紫花，尖叶，灰色茸毛，结荚密，三粒荚多，荚微弯镰形，成熟时呈褐色。籽粒圆形，种皮黄色，种脐浅黄色，百粒重 21 g 左右。蛋白质含量 40.08%，脂肪含量 20.07%。接种鉴定中抗灰斑病。在适应区，生育期 120 d 左右，需≥10℃活动积温 2 450℃左右。

适应区域：黑龙江省第二积温带。

18. 绥农 25 号

特征特性：亚有限结荚习性。株高 100 cm 左右，有分枝，紫花，圆叶，灰色茸毛。籽粒圆形，种皮黄色，种脐浅黄色，有光泽，百粒重 20 g 左右。蛋白质含量 38.92%，脂肪含量 20.24%。接种鉴定抗灰斑病。在适应区，生育期 116 d 左右，需≥10℃活动积温 2 400℃左右。

适应区域：黑龙江省第二积温带。

19. 绥农 26 号

特征特性：该品种为无限结荚习性，株高 100 cm 左右，有分枝，紫花，长叶，灰色茸毛，荚微弯镰形，成熟时呈褐色。籽粒圆球形，种皮黄色，种脐浅黄色，无光泽，百粒重 21 g 左右。品质分析平均蛋白质含量 38.80%，脂肪含量 21.59%。接种鉴定中抗灰斑病。在适应区，生育期 120 d 左右，需≥10℃活动积温 2 400℃左右。

适应区域：黑龙江省第二积温带。

20. 绥农 27 号

特征特性：无限结荚习性。株高 90 cm 左右，有分枝，紫花，长叶，灰色茸毛，荚微弯镰形，成熟时呈草黄色。籽粒圆球形，种皮黄色，种脐浅黄色，无光泽，百粒重 28g 左右。蛋白质含量

41.80%,脂肪含量 20.69%。接种鉴定中抗灰斑病。在适应区,生育期 115 d 左右,需≥10℃活动积温 2 300℃左右。

适应区域:黑龙江省第三积温带。

21. 绥农 28 号

特征特性:该品种生育期 120 d,需≥10℃的积温 2 400℃。株高 90 cm 左右,披针形叶,灰毛,紫花。亚有限结荚习性。主茎结荚为主,节短荚密,荚成熟时呈褐色,三粒荚多。籽粒圆形,种皮黄色,脐淡黄色,百粒重 21 g 左右。中抗大豆灰斑病。蛋白质含量 39.41%,脂肪含量 21.83%。

适应区域:黑龙江省第二积温带。

22. 绥无腥豆 1 号

特征特性:株高 110 cm 左右,分枝能力强,中抗灰斑病,秆较强,节间短,上下着荚均匀,三、四粒荚多。白花,长叶、灰毛,无限结荚习性。籽粒圆形,种皮黄色,脐无色,百粒重 19 g 左右,蛋白质含量 40.70%,脂肪含量 19.90%。生育期 120 d 左右,需活动积温 2 450℃左右。种子中不含脂肪氧化酶 L2,无豆腥味。

适应地区:黑龙江省第二积温带。

23. 黑河 21 号

特征特性:亚有限结荚习性,株高 70 cm 左右;紫花、圆叶、灰色茸毛;主茎结荚,有分枝,结荚部位较高,株型收敛;较喜肥水,秆强不倒,成熟时不炸荚,适于机械收获;籽粒圆黄,有光泽,百粒重 23 g 左右,病虫粒率较低,叶部病害轻,商品性好,南方可作毛豆用种;脂肪含量 21.05%,蛋白质含量 37.47%。极早熟。在适应区,生育期 95 d 左右,需≥10℃活动积温 1 900℃左右,适于黑龙江省高寒山区种植。丰产性好,高产栽培公顷产量可达 2 500 kg 以上。

适应区域:黑龙江省第六积温带。

24. 黑河 28 号

特征特性:亚有限结荚习性,株高 70 cm 左右,白花、圆叶、茸毛棕色。主茎结荚,荚密,丰产性好;秆强,结荚部位高,不炸荚,籽粒长圆,有光泽,百粒重 17 g 左右。蛋白质含量 44.69%,脂肪含量 19.46%。

适应区域:黑龙江省第六积温带。

25. 黑河 29 号

特征特性:亚有限结荚习性,株高 70 cm 左右,白花、长叶、灰色茸毛;有短分枝、节间短,荚密,丰产性好,秆强不倒。籽粒圆黄,有光泽,百粒重 17 g 左右,蛋白质含量 38.95%,脂肪含量 20.98%。

适应区域:黑龙江省第五积温带。

26. 黑河 30 号

特征特性:亚有限结荚习性,紫花、尖叶、灰茸毛,株高 75 cm 左右,主茎 15 节左右,秆强,株型繁茂收敛,成熟时不炸荚。籽粒圆形、黄色,淡黄脐,有光泽,百粒重 19 g 左右。蛋白质含量 41.20%,脂肪含量 19.98%。生育期 115 d,需活动积温 2 150℃,中抗灰斑病。

适应区域:黑龙江省第四积温带。

27. 黑河 31 号

特征特性:亚有限结荚习性,白花、尖叶、灰茸毛,株高 75 cm 左右,主茎 14 节左右,节短荚密，秆强，株型繁茂收敛，叶色浓绿。籽粒圆形，黄色，淡黄脐，有光泽，百粒重 20～21 g。蛋白质含量 38.37%，脂肪含量 21.05%。生育期 108 d 左右，需活动积温 2 050℃左右，中抗灰斑病。

适应区域：黑龙江省第五积温带。

28. 黑河 35 号

特征特性：亚有限结荚习性，株高 76 cm 左右，紫花，长叶，灰色茸毛，荚熟为褐色，籽粒圆形，种皮黄色，有光泽，脐色淡黄，百粒重 18 g 左右。脂肪含量 20.13%，蛋白质含量 38.35%。中抗灰斑病。生育期 91 d，需活动积温 1 780℃左右。

适应区域：黑龙江省第六积温带。

29. 黑河 38 号

特征特性：该品种为亚有限结荚习性，株高 75 cm 左右，主茎 15 节左右，株型繁茂收敛，尖叶，紫花，灰色茸毛。成熟时不炸荚，适于机械收获。籽粒圆形，种皮黄色，有光泽，淡黄脐，百粒重 19 g 左右。蛋白质含量 39.70%，脂肪含量 20.52%。在适应区，生育期 117 d 左右，需≥10℃活动积温 2 150℃左右，接种鉴定中感灰斑病。

适应区域：黑龙江省第四积温带。

30. 黑河 43 号

特征特性：亚有限结荚习性。株高 75 cm 左右，无分枝，紫花，尖叶，灰色茸毛。籽粒圆形，种皮黄色，种脐浅黄色，有光泽，百粒重 20 g 左右。蛋白质含量 41.84%，脂肪含量 18.98%。接种鉴定中抗灰斑病。在适应区，生育期 115 d 左右，≥10℃活动积温 2 150℃左右。

适应区域：黑龙江省第四积温带。

31. 黑河 45 号

特征特性：亚有限结荚习性。株高 70 cm 左右，无分枝，紫花，尖叶，灰色茸毛。籽粒圆形，种皮黄色，种脐淡黄色，有光泽，百粒重 20 g 左右。品质分析平均蛋白质含量 42.16%，脂肪含量 19.44%。接种鉴定抗灰斑病。在适应区，生育期 108 d 左右，需≥10℃活动积温 2 050℃左右。

适应区域：黑龙江省第五积温带。

32. 垦丰 7 号

特征特性：亚有限结荚习性，株高 70～80 cm，主茎结荚为主。叶披针形，深绿色，白花，灰毛，茸毛较密，三、四粒荚多，荚形稍弯曲，荚为灰褐色，底荚高 13.5 cm，籽粒圆形，种皮黄色，有光泽，脐黄色，百粒重 18.4 g，生育期 114 d，需活动积温 2 271.9℃，秆强不倒，中抗灰斑病，蛋白质含量 38.29%，脂肪含量 21.3%。

适应区域：第五积温带三江冲积平原温凉半湿润区，亦可在第二积温带做搭配品种种植。

33. 垦丰 9 号

特征特性：无限结荚习性，株高平均 81.3 cm。有 3～4 个分枝，分枝收敛。茎粗中等，叶披针形。白花，灰茸毛，节多，荚密，三、四粒荚多，荚熟后呈黄色，底荚高 12.4 cm。籽粒圆形，种皮淡黄色，有光泽，脐黄色，百粒重 18.2 g。生育期 118 d 左右，需活动积温 2 397.3℃。秆韧性强。蛋白质含量 38.57%，脂肪含量 22.81%。中抗灰斑病。

适应区域：黑龙江省第二积温带完达山丘陵温和半湿润区。

34. 垦丰10号

特征特性：无限结荚习性，株高78.3 cm。有分枝，分枝收敛。叶披针形，白花、灰茸毛，三、四粒荚较多，荚褐色，底荚高14.1 cm。籽粒圆形，种皮黄色，有光泽，脐黄色，百粒重21.3 g，蛋白质含量40.45%，脂肪含量23.31%。生育期120 d左右，需活动积温2 413.0℃，秆韧性强，抗倒伏，中抗灰斑病。

适应区域：黑龙江省第二积温带完达山丘陵温和半湿润区。

35. 垦丰14号

特征特性：白花，长叶，无限结荚习性。平均生育期122 d，株高96.4 cm，单株有效荚数32.6个。百粒重20.6 g，种皮黄色，黄脐，籽粒圆形。田间表现比较抗病，接种鉴定中抗花叶病毒病1号株系，中感混合株系，中抗灰斑病，抗倒性一般。平均粗蛋白质含量37.65%，粗脂肪含量20.15%。

36. 垦丰15号

特征特性：亚有限结荚习性，株高85 cm左右，底荚高10～15 cm，紫花、尖叶，灰茸毛，主茎结荚为主，荚褐色，籽粒圆形，种皮黄色，有光泽，脐黄色，百粒重18 g左右。蛋白质含量36.68%，脂肪含量22.76%。接种鉴定抗灰斑病。在适应区，生育期116 d左右，需≥10℃活动积温为2 350℃。

适应区域：黑龙江省第二积温带。

37. 垦丰16号

特征特性：亚有限结荚习性，株高65 cm左右，底荚高13 cm，白花、尖叶，灰茸毛，主茎结荚为主，三、四粒荚较多，荚褐色，呈弯镰形。籽粒圆形，种皮黄色，有光泽，脐黄色，百粒重18 g左右。蛋白质含量40.50%，脂肪含量19.57%。接种鉴定抗灰斑病。在适应区，生育期120 d左右，需≥10℃活动积温为2 450℃。

适应区域：黑龙江省第二积温带。

38. 垦丰17号

特征特性：亚有限结荚习性，株高90 cm左右。无分枝，尖叶，紫花，灰色茸毛。成熟时荚呈褐色。籽粒圆形，种皮黄色，有光泽，种脐黄色。百粒重20 g左右。蛋白质含量38.87%，脂肪含量21.23%。中抗灰斑病。在适应区，生育期115 d左右，需≥10℃活动积温2 350℃左右。

适应区域：黑龙江省第二积温带。

39. 垦农18号

特征特性：株高80～90 cm，亚有限结荚习性；圆叶，白花，灰茸毛，有短分枝，以主茎结荚为主，节短荚密，结荚分布均匀。秆强抗倒伏，籽粒圆形，种皮黄色，有光泽，脐无色，百粒重18～20 g，蛋白质含量为36.28%，脂肪含量为23.21%，中抗大豆灰斑病。生育期115 d左右，需活动积温2 300～2 350℃，为中早熟品种。

适应区域：黑龙江省第三积温带三江冲积平原温凉半湿润区。

40. 黑农45号

特征特性：无限结荚习性，植株健壮，株高70 cm左右，多分枝，节多荚密，三粒荚多，荚皮草黄色，尖叶、白花，白色茸毛，籽粒黄色，圆形，百粒重21 g左右，蛋白质含量38.08%，脂肪含量22.8%。生育期115 d，所需活动积温2 263.7℃，为中早熟品种，中抗灰斑病。

适应区域：黑龙江省第二积温带三江平原西南温和半湿润区。

41. 黑农 48 号

特征特性：亚有限结荚习性，株高 80～95 cm，主茎 17 节，有分枝，紫花，长叶，灰色茸毛，荚熟时为浅褐色，籽粒圆形，种皮黄色，有光泽，脐黄色，百粒重 22～25 g。脂肪含量 19.05%，蛋白质含量 44.71%。中抗大豆花叶病毒病和灰斑病。生育期 118 d，需活动积温 2 350℃左右。

适应区域：黑龙江省第二积温带。

42. 嫩丰 16 号

特征特性：株高 80 cm，尖叶、白花、灰毛，籽粒圆形，种皮黄色有光泽，种脐黄色，百粒重 25 g。生育期 120 d，需活动积温 2 400℃，亚有限结荚习性，主茎型，无分枝。接种鉴定抗灰斑病。籽粒含蛋白质含量 41.1%、脂肪含量 20.11%。

适应区域：黑龙江省第一积温带西部地区中、上等土壤肥力地块种植。

43. 嫩丰 17 号

特征特性：无限结荚习性，株高 80 cm 左右，有分枝，白花，长叶，灰色茸毛，荚熟时为褐色，籽粒扁圆形，种皮黄色，有光泽，脐色淡褐，百粒重 16 g 左右。脂肪含量 22.94%，蛋白质含量 37.75%。中抗灰斑病。需活动积温 2 500℃左右。

适应区域：黑龙江省第一积温带。

44. 抗线虫 4 号

特征特性：生育期 113 d 左右，需活动积温 2 350℃。株高 80 cm 左右，根系发达，亚有限结荚习性，圆叶，白花。籽粒圆形，脐褐色，百粒重 20～22 g。蛋白质含量 38.20%，脂肪含量 20.77%。抗大豆胞囊线虫病（3 号生理小种，黑龙江省主要生理小种），耐盐碱、干旱，红蜘蛛与蚜虫危害轻。

适应区域：黑龙江省第二积温带风沙、盐碱、干旱、线虫病区。

45. 抗线虫 5 号

特征特性：亚有限结荚习性，株高 80 cm 左右，主茎 17～19 节，分枝性弱。叶色浓绿，长叶、紫花、灰毛，三粒荚居多，荚褐色，籽粒黄色、椭圆，褐脐，百粒重 17～20 g。蛋白质含量 41.18%，脂肪含量 19.75%。生育期 120 d 左右，需活动积温 2 500℃左右。高抗大豆胞囊线虫病 3 号生理小种。

适应区域：黑龙江省西部及相邻内蒙古地区。

46. 东农 42 号

特征特性：植株高大，秆强抗倒伏，节多，荚匀，粒多，粒大。籽粒蛋白质含量 45.30%，脂肪含量 19.80%，蛋白与脂肪总量 65.10%，化学品质优良。抗灰斑病，中抗花叶病毒病 1 号株系。在黑土平原区，岗地白浆土和轻碱土地区，都表现出明显的增产效果。生育期 120 d，生育活动积温 2 400～2 500℃。

适应区域：适于黑龙江省第一、二积温带以及第三积温带上限种植。

47. 东农 44 号

特征特性：亚有限结荚习性、长叶、白花、灰毛，生育期 95 d，需有效积温 1 900℃。植株高度 90 cm 左右，抗倒伏；中大粒，百粒重 20 g 左右；蛋白质含量 43.93%，脂肪含量 21.46%。

适应区域：黑龙江省第五、六积温带种植。

48. 东农45号

特征特性:紫花,圆叶,棕色茸毛。植株高度为90 cm左右,无限结荚习性,株型收敛,秆强不倒。底部结荚高度10 cm,三、四粒荚多,耐寒性强,不炸荚。苗期耐低温性强,营养体生长迅速,灌浆成熟快。成熟荚皮为深褐色,籽粒内外品质优良,种皮黄色有光泽,种脐白色,百粒重17 g左右;蛋白质含量平均为41.99%,脂肪含量平均为21.47%。在适应区,生育期87 d左右,全生育季节需活动积温1 800℃。

适应区域:黑龙江省的大兴安岭地区和黑河地区。

49. 东农46号

特征特性:无限结荚习性,株高80~90 cm,有分枝,荚呈黄褐色,长叶、白花、灰毛,百粒重20~21 g,生育期115 d,需有效积温2 350~2 450℃。中抗病毒病和灰斑病。

适应区域:黑龙江省第二、三积温带。

50. 东农47号

特征特性:生育期114 d,需积温2 383.6℃,适合于黑龙江省南部第三积温带及吉林省北部山区种植。无限结荚习性,长叶、白花、灰毛,主茎发达,有分枝,节间长,荚皮黄白色,多四粒荚,含油率23%,年际间变异在1个百分点。中抗灰斑病。苗期耐旱能力较强,营养体生长迅速,灌浆成熟快。成熟时荚皮为黄白色,种皮黄色有光泽,种脐无色,百粒重20 g左右。

适应区域:适合于黑龙江省南部第二、三积温带及吉林省北部山区种植。

51. 东农48号

特征特性:亚有限结荚习性,植株高90 cm左右,尖叶,紫花,灰毛,籽粒圆形,种皮黄色,脐浅黄色,百粒重22 g左右,蛋白质含量44.53%,脂肪含量19.19%,在适应区,生育期115 d,需≥10℃活动积温2 300℃左右,接种鉴定中抗灰斑病、抗病毒病。

适应区域:黑龙江省第二积温带下限、第三积温带上限。

52. 红丰11号

特征特性:亚有限结荚习性,株高75 cm左右,长叶,紫花,灰毛,生育期121 d左右,需活动积温2 517℃。籽粒蛋白质含量39.40%,含脂肪20.51%。

适应区域:黑龙江省第二积温带中部平原区。

知识文库13 大豆良种繁育技术

一、大豆品种混杂退化的原因

大豆是自花授粉作物,天然杂交率仅为1%左右,遗传性比较稳定。但在生产实践中,大豆品种经过若干年种植后,多数品种都会出现纯度降低,种性变劣,不能完全保持原来的形态特征,或产量下降、品质变劣、抗性降低,这种现象就是品种退化。大豆品种混杂退化的主要原因如下。

(1)生物学混杂 即由天然杂交造成的混杂。大豆虽是自交作物,但仍有一定的天然杂交率,当与异品种相邻种植时,会有发生异交的机会,而产生自然杂交种,后代经过分离形成多种变异单株。变异单株在群体内逐年增多，就会使一个优良品种退化。

(2)机械混杂　即在生产过程中混进异品种造成的混杂。在播种、收获、脱粒、运输、贮藏等环节，不按技术规程进行操作，极容易造成品种间的机械混杂。混进了异品种的种子还会使生物学混杂的机会增大。生产中机械混杂是造成大豆品种混杂退化的主要原因。

(3)品种本身遗传性发生变化　主要是由自然突变引起的。尽管自然突变率很低，但这种现象和变异个体是存在的。变异的个体逐年增多，就会造成品种的混杂退化。另外，任何一个品种都不可能是绝对纯的，同一品种的不同个体间在遗传上或多或少都有一定的差异，这些微小的差异随着种植年代的增加，在一定的自然选择与人工选择情况下，逐渐积累而形成变异株，使品种混杂退化。

(4)不良环境条件的影响　优良品种只有在一定的环境条件下才能表现其优良种性，如果长期种植在自然条件不适宜和栽培管理不当的条件下，品种的某些优良特性就不能充分表现出来，而且常常会因为自然选择的结果，使品种的某些性状变劣，从而使品种混杂退化。

二、大豆种子生产技术

1. 原原种生产

大豆原原种生产主要采取“防杂保纯”的过渡措施，其主要方法是“株行整理法”。大豆原原种由品种育成者或育成单位生产，并且主要技术负责人必须亲自参加单株选择工作。生产原原种的地块要与其他品种隔离种植。具体方法是：将上年从原原种或原种繁殖圃中选择的定量单株，每株种一行，生育期间对可疑株行和出现杂株的株行及时标记或予以淘汰。成熟时从纯的株行中选拔若干单株单独脱粒、考种，选留保存，作为下年单株种子。其余入选株行分别收获脱粒、考种，将选留株行混合，即为原原种。

2. 原种生产

大豆原种生产方法有 2 种，一种是用原原种直接扩繁，另一种是采用“二圃”法或“三圃”法生产。

用原原种直接扩繁一般采用稀播，尽量扩大繁殖倍数。在苗期、花期、成熟期根据幼茎颜色、花色、茸毛色、叶形、株型、株高、荚熟色、熟期、荚形等品种典型性状，拔除杂株和劣株。成熟时及时收获，单收、单运、单脱、单贮，严防混杂。

用“二圃”法生产原种，即建立“株行圃”和“原种圃”。“株行圃”首先要选择单株。单株可在“原种圃”中选择，也可在纯度较高的种子田中选择。单株选择分两次进行。第 1 次在花期进行，根据花色、叶形、茸毛色、株型、株高等性状，选择具有本品种典型性状、生长健壮的单株作标记，花期可多选些。到成熟期再从花期入选的单株中，根据荚熟色、荚形、熟期等性状，选择具本品种典型性状、生长健壮的无病单株。入选单株分别脱粒，并根据籽粒大小、形状、粒色、脐色等特征，将不具备本品种籽粒典型性的单株淘汰后，按下年行长计算好种子量，并选择完好无病虫害的籽粒，分别装袋、编号、保管。第 2 年种“株行圃”。将上年所选单株，每株种一行，单粒点播，行长可根据种子量多少而定，一般为 3～5 m。在株行中至少每 49 个小区设一对照区，对照为该品种的原种。播种要均匀一致，并在同一天内完成。花期和成熟期要进行鉴定，淘汰典型性不强、生长不整齐、病虫害较重的株行及入选株行中的病劣株，淘汰的株行应作明显标记并记载。成熟后，在田间要对生育期间的入选株行再进行一次选择，淘汰有杂株的和典型性不强的株行。并及时将入选株行单独收获、单独脱粒、单装袋。在室内再根据籽粒性状进行考种，淘汰籽粒有分离的、典型性不强的株行。最后根据考种结果及田间表现进行决选。决选后的株行种子混合装袋、挂牌，妥善保管。第3年种植“原种圃”，方法同原原种生产原种。

“三圃”法生产原种，除在“二圃”法的“株行圃”之后多建一“株系圃”外，其余做法与“二圃”法相同。即第1年选择单株；第2年设“株行圃”，此圃按株行收获，并按株行保存种子；第3年设“株系圃”；第4年设“原种圃”。“株系圃”的做法是将上年“株行圃”的种子每行种成一小区，小区面积根据种子量多少而定。田间鉴评、收获、考种及决选方法均与“株行圃”相同，但每9个小区设一对照区。

3. 良种生产及各类种子田的栽培管理

良种在生产中不能无限期使用，一般使用3年后就不能再作种子。良种田可分为一级种子田和二级种子田。一级种子田的种子来源于原种，二级种子田的种子来源于一级种子田种子。种子田应稀植，以扩大繁殖倍数，并在苗期、开花期和成熟期根据品种典型性状拔除杂株、劣株和病株，要做到单收、单脱、单运、单贮。

各类种子田要专人负责，有管理制度和田间观察记录，出现问题及时解决。种子繁殖田要选择地势平坦、肥力均匀、土质良好、耕层深厚、排灌方便、不受周围环境影响的地块。做到不重茬、不迎茬，采用合理的深耕整地措施。播种前进行种子精选，做好种子发芽试验，严禁播种带有检疫性病虫草害的种子。需要补种的种子田，必须播种同一品种同级质量的种子，毁种的地块不可再作种子田。各项田间管理应采用当地先进的措施。收获时防止混杂，种子入库前充分晾晒，使种子达到安全水分。

项目三　大豆生长前期管理阶段植保措施及应用

技术培训

大豆生长前期管理阶段植保措施是土壤封闭不好的地块或没有进行封闭处理的地块进行苗后茎叶除草以及做好大豆生长前期菌核病、霜霉病、细菌性斑点病、草地螟、二条叶甲、蓟马、大豆根绒粉蚧等病虫害的防治工作。为大豆生长发育创造良好的环境，提高大豆产量及品质。

一、大豆生长前期病害防治

（一）菌核病

（1）症状识别　该病主要是造成茎秆腐烂，病部苍白色，茎秆内中空并有黑色菌核，易折断。

（2）药剂防治　一般于大豆2～3片复叶期（此时正是菌核萌发出土到子囊盘形成盛期时期）喷药，若田间水分差，喷药时间适当推迟。每公顷用药量25%脒鲜胺1 050～1 500 mL或40%菌核净750～1 050 mL或50%乙烯菌核利1 500 mL或50%腐霉利1 500 mL对水喷施。7～10 d后再喷1次，建议采用机动式弥雾机，喷口向下作业，确保中下部植株叶片着药。

（二）大豆细菌性斑点病

（1）症状识别　叶片染病初生褪绿不规则形小斑点，水渍状，扩大后呈多角形或不规则形，大小3～4 mm，病斑中间深褐色至黑褐色，外围具一圈窄的褪绿晕环，病斑融合后成枯死斑块。茎部染病初呈暗褐色水渍状长条形，扩展后为不规则状，稍凹陷。荚和豆粒染病生暗褐色条斑。

（2）药剂防治　发病初期用30%琥胶肥酸铜悬浮剂1 500 mL/hm^{2}或1%武夷霉素5 000～7 500 mL/hm^{2}叶面喷雾。

（三）大豆霜霉病

（1）症状识别　出现褪绿斑块，潮湿时叶片背面褪绿部分产生较厚的灰白色霉层。

（2）药剂防治　发病初期用64%噁霜·锰锌2 000 g/hm^{2}或25%甲霜灵1 500 g/hm^{2}叶面喷雾。每隔7～10 d喷1次，共2次，用药液量1 125 kg/hm^2。

二、大豆生长前期害虫防治

（一）草地螟

（1）被害状识别　幼虫取食叶肉，残留表皮，长大后可将叶片吃成缺刻或仅留叶脉，使叶片呈网状。大发生时,也为害花和幼荚。

(2)药剂防治　成虫高峰期过后10～15 d,大豆百株有幼虫30～50头,在幼虫3龄以前用2.5%高效氯氰菊酯225～300 mL/hm^2 或2.5%溴氰菊酯225～300 mL/hm^2 或有机磷杀虫剂和菊酯类杀虫剂混用,叶面喷雾防治。

(二)二条叶甲

(1)被害状识别　以成虫为害大豆子叶、生长点、嫩茎,把叶食成浅沟状圆形小洞,为害真叶呈圆形孔洞,严重时幼苗被毁,有时还为害花、荚,对雌蕊为害最重,可造成落花、落荚,致结荚数减少。幼虫在土中可为害根瘤,致根瘤成空壳或腐烂,造成植株矮化,影响产量和品质。

(2)药剂防治　2.5%高效三氟氯氰菊酯300～400 mL/hm^2 或2.5%溴氰菊酯300～400 mL/hm^2 或10%氯氰菊酯500～600 mL/hm^2 喷雾防治。

(三)大豆根绒粉蚧

(1)被害状识别　大豆根绒粉蚧以若虫、成虫刺吸大豆茎部和叶片造成为害,发生严重时,布满大豆茎秆,严重影响大豆生长,地上部叶片自下而上变黄。若虫非常小,肉眼难以发现。

(2)药剂防治　有大豆根绒粉蚧的地块,应在大豆3叶期以前防治,用3%啶虫脒乳油400～600 mL/hm^2＋4.5%高效氯氰菊酯乳油500～600 mL/hm^2 或70%吡虫啉水分散粒剂60～80 g/hm^2＋40%毒死蜱乳油900 mL/hm^2 或150 g/L 吡虫啉·丁硫克百威乳油800～1 000 mL/hm^2 或20%噻嗪·杀扑磷乳油500 mL/hm^2,叶面喷雾。间隔5～7 d,连续喷洒2～3次,喷液量100～150 L/hm^2。

(四)蓟马

(1)被害状识别　以成虫及1、2龄若虫为害大豆叶片及嫩荚,较少为害花器。以锉吸式口器锉破豆叶表皮吸取汁液使被害部位表面发白并逐渐枯死变褐。幼嫩新叶受害表现为皱缩卷曲,导植株矮小,生长势减弱,甚至整株死亡。

(2)药剂防治　大豆2～3片复叶期,每株有蓟马20头或顶叶皱缩时,25%噻虫嗪水分散粒剂150～240 g/hm^2 或2.5%多杀霉素悬浮剂100～150 mL/hm^2 叶面喷雾。

三、大豆苗后茎叶除草

(一)施药时期

防除禾本科杂草的药剂多为高选择性内吸传导型除草剂,对大豆较安全,施药时期对药效影响较大,防除阔叶杂草的药剂多为触杀型,大豆不同生育期对药剂敏感程度不同,除阔剂施药时期除影响药效外,还涉及对大豆的安全性,一般在大豆子叶期(两片豆瓣刚出土期)不能用药;大豆一片复叶期可选用异噁草松、灭草松、氟磺胺草醚;大豆两片复叶期可选用异噁草松、灭草松、氟磺胺草醚、乳氟禾草灵、三氟羧草醚、乙羧氟草醚等药剂。一般均不能晚于大豆3片复叶期,特别是乳氟禾草灵、三氟羧草醚、乙羧氟草醚如果在大豆2片复叶期后使用,大豆对药剂抗性减弱,会加重药害,造成生育期拖后,贪青、晚熟。

苗后除草剂最佳施药时期在稗草3～5叶期,阔叶杂草2～4叶期(一般株高5 cm左右),防除鸭跖草必须在3叶前,3叶后很难防除。施药过早,杂草出苗不齐,后出杂草接触不到药剂不能被杀死;施药过晚,大豆的抗性减弱,杂草抗性增强,防除难度增大,需增加用药量,既增加了成本,又容易造成药害。

(二)大豆苗后常用的茎叶处理除草剂

1. 大豆苗后防除禾本科杂草的除草剂

目前黑龙江省常用的防除禾本科杂草的除草剂品种有烯禾啶、精喹禾灵、精吡氟禾草灵、高效氟吡甲禾灵、烯草酮。上述品种都能防除大豆田一年及多年生禾本科杂草如稗草、马唐、野燕麦、狗尾草、野黍、碱草、看麦、芦苇等,但烯禾啶、精喹禾灵对稗草防除效果好,对狗尾草、野黍、碱草、芦苇防除效果差;精吡氟禾草灵、高效氟吡甲禾灵、烯草酮除对稗草效果好外,还对狗尾草、野黍、碱草、芦苇效果较佳。以上防除禾本科杂草的药剂对大豆非常安全。

2. 大豆苗后防除阔叶杂草的除草剂

目前黑龙江省常用的防除阔叶杂草的除草剂品种有氟磺胺草醚、异噁草松、灭草松、氯酯磺草胺、乳氟禾草灵、三氟羧草醚、氟烯草酸等多为触杀型除草剂。上述品种都能防除大豆田一年及多年生阔叶杂草如苋、藜、蓼、苍耳、狼把草、鸭跖草、小蓟、大蓟、苣荬菜、问荆等,其中氟磺胺草醚是大豆田苗后最主要的杀阔剂,是唯一能与绝大多数杀稗剂混用的除草剂,杀草谱最广,适用范围最广,使用量最大;异噁草松一般不单独与杀稗剂混用,多采用与氟磺胺草醚或灭草松混配后再与杀稗剂混用,以延长药效持效期,提高除草效;灭草松对小蓟、大蓟、苍耳特效,是杀大豆田阔叶杂草中对大豆最安全的除草剂,且对后作无影响,但由于活性略低,生产上一般不与杀稗剂单独混用,多采用与氟磺胺草醚或异噁草松混配后再与杀稗剂混用,以提高除草效果;三氟羧草醚在生产上不能单独使用,多与两种或两种以上杀阔剂混用,加21.4%三氟羧草醚0.6～0.7 L/hm^2,可提高杀草速度并提高对大龄杂草的防效,三氟羧草醚对排水不良、低洼地块的大豆易造成药害,药量过高或高温干旱也易造成药害,在空气湿度低于65%、气温低于21℃或高于27℃、土壤温度低于15℃都不适于喷施三氟羧草醚。

(三)大豆苗后除草剂混用表及参考配方

因黑龙江省多数地区豆田杂草群落都是禾本科杂草和阔叶杂草混生,所以在生产中多将两类除草剂混配应用,以扩大杀草谱,保证药效。关于苗后茎叶除草剂可混性见表3-1。

表3-1　大豆苗后除草剂药混用表

项目	精喹禾灵	精吡氟禾草灵	高效氟吡甲禾灵	精噁唑禾草灵	烯草酮	烯禾啶
氟磺胺草醚	+	+	+	+	+	+
异噁草松	+	+	+	+	+5	+
灭草松	+1	+	+	+	+5	+4
三氟羧草醚	—	+	+	+	+5	—
乳氟禾草灵	+1	+	+	+	+5	—
氟烯草酸	—	—	—	—	+	—
咪唑乙烟酸	+2	+2	+2	—	+2	—
灭草松+三氟羧草醚	+1	+	+	+	+5	+4

注:“+”表示可以混用,“+1”表示防治稗草、金狗尾草、马唐不能混用,“+2”表示防治多年生禾本科杂草时混用,“+3”表示干旱、多年生禾本科杂草、马唐、金狗尾草、稗草不能混用;“+4”表示防治多年生禾本科杂草不能混用,“+5”表示混用后降低禾本科杂草的药效,“—”表示不可混用。

推荐苗后混合参考配方如下。

①25%氟磺胺草醚 800～1 000 mL/hm^2 +48%异噁草松 1 000 mL/hm^2 +5%精喹禾灵 750 mL/hm^2 或 15%精吡氟禾草灵 750 mL/hm^2 或 10.8%高效氟吡甲禾灵 375 mL/hm^2。

②25%氟磺胺草醚 600～700 mL/hm^2 +48%灭草松 1500 mL/hm^2 +5%精喹禾灵 750 mL/hm^2 或 15%精吡氟禾草灵 750 mL/hm^2 或 10.8%高效氟吡甲禾灵 375 mL/hm^2。

③25%氟磺胺草醚 600 mL/hm^2 +48%异噁草松 800～1 000 mL/hm^2 +5%精喹禾灵 750 mL/hm^2 或 15%精吡氟禾草灵 750 mL/hm^2 或 10.8%高效氟吡甲禾灵 375 mL/hm^2。

④48%灭草松 1500 mL/hm^2 +48%异噁草松 600 mL/hm^2 +5%精喹禾灵 600 mL/hm^2 或 15%精吡氟禾草灵 750 mL/hm^2 或 10.8%高效氟吡甲禾灵 375 mL/hm^2。

⑤25%氟磺胺草醚 600 mL/hm^2 +84%氯酯磺草胺 30～37.5 mL/hm^2 +5%精喹禾灵 600 mL/hm^2 或 15%精吡氟禾草灵 750 mL/hm^2 或 10.8%高效氟吡甲禾灵 450～600 mL/hm^2。

技术推广

一、任务

向农民推广大豆生长前期管理阶段植保措施及应用技术。

二、步骤

(1)查阅资料　学生可利用相关书籍、期刊、网络等查阅大豆生长前期管理阶段植保措施及应用，为制作 PPT 课件准备基础材料。

(2)制作技术推广课件　能根据教师的讲解，利用所查阅资料，制作技术推广课件。要求做到内容全面、观点正确、图文并茂等。

(3)农民技术推广演练　课件做好后，以个人练习、小组互练等形式讲解课件，做到熟练、流利讲解。

三、考核

先以小组为单位考核，然后由教师每组选代表进行考核。

知识文库

知识文库 1　菌核病

大豆菌核病(白腐病)(图 3-1)，在世界各地均有发生。国外分布于巴西、加拿大、美国、匈牙利、日本、印度等国。我国以黑龙江、内蒙古大豆产区发病重，尤以黑龙江省北部和内蒙古呼盟地区发病严重，发病率可达 60%～100%。造成绝产。

一、病状

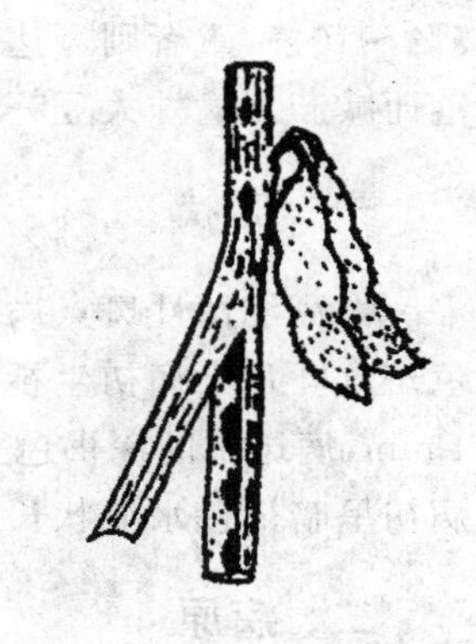

图 3-1　大豆菌核病病株

地上部发病，产生苗枯、叶腐、茎腐、荚腐等症状，最后导致全株腐烂死亡。茎秆发病病斑不规则形，褐色，可扩展环绕茎部并上下蔓延，造成折断。潮湿时产生絮状菌丝，形成黑色鼠粪状菌核。后期干燥时茎部皮层纵向撕裂，维管束外露呈乱麻状。

二、病原

大豆菌核病病原 *Sclerolinia sclerotiorum*（Lib.）(De Bary)为子囊菌亚门，核盘菌属。

三、发病规律

菌核病以菌核在土壤、种子、堆肥和病残体内越冬或越夏。6 月中下旬多雨、潮湿并有光照条件下，菌核萌发形成子囊盘(俗称小蘑菇)，子囊盘成熟释放大量子囊孢子，随气流、雨水传播，侵染大豆植株的中下部位。初期症状在叶腋处或茎秆(花、荚也可侵染)上形成水浸状斑块，后斑块逐渐扩大形成局部溃烂，并伴有白色菌丝，发病晚期有黑色菌核形成。子囊孢子可直接侵入寄主或通过伤口和自然孔口侵入寄主。

如 7 月中下旬阴雨，潮湿，光照少，田间湿度 85％以上，温度 20～25℃，菌核病子囊孢子就会迅速萌发危害，持续 3～5 d 就会大发生。

四、防治措施

1. 农业防治

在疫区实行 3 年以上轮作，选用抗病品种垦丰 19 号等，深翻并清除或烧毁残茬，中耕培土，防止菌核萌发出土或形成子囊盘。

2. 化学防治

(1)防治时期　一般于大豆 2～3 片复叶期(此时正是菌核萌发出土到子囊盘形成盛期)喷药，若田间水分差，喷药时间适当推迟。

(2)常用药剂如下(均为每公顷用药量)：

25％脒鲜胺 1 050～1 500 mL 或 40％菌核净 750～1 050 mL 或 50％乙烯菌核利 1 500 mL 或 50％腐霉利 1 500 mL。

(3)施药方法　以上各种药剂对水喷施，7～10 d 后再喷 1 次。建议采用机动式弥雾机，喷口向下作业，确保中下部植株叶片着药。

知识文库 2　大豆细菌性斑点病

黑龙江省是大豆的主要产区，近年来大豆细菌性斑点病有不同程度的发生和流行，尤其在黑龙江西北部地区(如北安、嫩江、绥化等)发生普遍而且较重。在感病品种上轻者可减产

5%～10%，重者则可达到30%～40%，危害叶片、叶柄、茎和荚，发病重时可造成叶片提早脱落而减产。病株大豆籽粒变色，降低其商品价值，直接影响到大豆的出口和农民的收益。

一、症状

大豆细菌性斑点病为害幼苗、叶片、叶柄、茎及豆荚。幼苗染病子叶生半圆形或近圆形褐色斑。叶片染病初生褪绿不规则形小斑点，水渍状，扩大后呈多角形或不规则形，大小3～4 mm，病斑中间深褐色至黑褐色，外围具一圈窄的褪绿晕环，病斑融合后成枯死斑块。茎部染病初呈暗褐色水渍状长条形，扩展后为不规则状，稍凹陷。荚和豆粒染病生暗褐色条斑。

二、病原

大豆细菌性斑点病病原为 *Pseudomonas syringepv. glycinea*（Coerp.）属丁香假单胞菌大豆致病变种。菌体杆状，大小0.6～0.9 μm，有荚膜，无芽孢，极生1～3根鞭毛，革兰氏染色阴性。在肉汁胨琼脂培养基上，菌落圆形白色，有光泽，稍隆起，表面光滑边缘整齐。

三、发病规律

病菌在种子上或未腐熟的病残体上越冬。翌年播种带菌种子，出苗后即发病，成为该病扩展中心，病菌借风雨传播蔓延。多雨及暴风雨后，叶面伤口多，利于该病发生。连作地发病重。

四、防治措施

1. 农业防治

与禾本科作物进行3年以上轮作。选用抗病品种。施用日本酵素菌沤制的堆肥或充分腐熟的有机肥。

2. 化学防治

①播种前用种子重量0.3%的50%福美双拌种。

②发病初期用30%琥胶肥酸铜悬浮剂1 500 mL/hm^2 或1%武夷霉素5 000～7 500 mL/hm^2 叶面喷雾。

知识文库3　大豆霜霉病

大豆霜霉病在我国各大豆产区都有发生，在冷凉多雨的大豆栽培区尤其严重。主要为害叶片和豆粒，造成植株早期落叶、种子百粒重降低，脂肪含量和发芽率降低，东北地区个别年份早熟品种发病率可达30%以上。

一、症状

大豆霜霉病在大豆各生育期均可发生。带菌的种子能引起幼苗系统侵染，子叶不表现症状，真叶和第1～2片复叶陆续表现症状。在叶片基部先出现褪绿斑块，后沿着叶脉向上伸展，出现大片褪绿斑块，其他复叶可形成相同的症状。以后全叶变成黄色至褐色而枯死。潮湿时叶片背面褪绿部分产生较厚的灰白色霉层，为病菌的孢子囊梗和孢子囊。病苗上形成的孢子囊传播至健叶上进行再侵染，形成边缘不明显、散生的褪绿小点，扩大后形成多角形黄褐色病斑，也可产生灰白色霉层。严重感病的叶片全叶干枯引起早期落叶。豆荚受害后，荚皮无明显症状，荚内有大量的杏黄色粉状物，即病原菌的卵孢子。被害籽粒无光泽，色白而小，表面粘附一层灰白色或黄白色粉末，为病原菌的菌丝和卵孢子。

诊断要点：出现褪绿斑块，潮湿时叶片背面褪绿部分产生较厚的灰白色霉层。

二、病原

大豆霜霉病的病原(图 3-2)为东北霜霉菌 *Peronospora manshurica* (Naum)(sydow)，属鞭毛菌亚门真菌，霜霉属。孢囊梗为二叉状分枝，分枝末端尖锐，向内弯曲略呈钳形，无色。顶生单个倒卵形或椭圆形的孢子囊，单胞，无色，多数有乳状突起。卵孢子近球形，淡褐色或黄褐色，壁厚，表面光滑或有突起物。

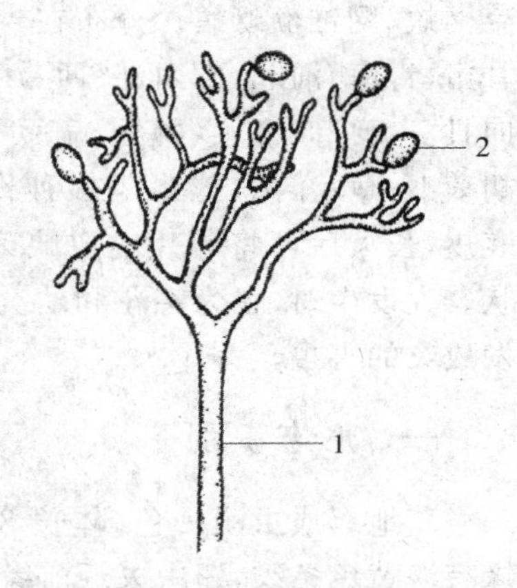

图 3-2 大豆霜霉病病原

(仿葛钟麟《植物病虫草鼠害防治大全》)

1. 孢囊梗 2. 孢子囊

三、发病规律

病菌以卵孢子在种子和病残体中越冬。带菌种子是最主要的初侵染源。播种带病的种子，卵孢子随种子发芽而萌发，从寄主的胚轴侵入生长点，形成系统侵染，成为田间的中心病株。发病后在病部形成大量孢子囊，借风雨传播侵染叶片，成为田间再侵染来源。结荚后，病原菌侵染豆荚和豆粒。后期，在病组织内或病粒上的菌丝形成卵孢子。大豆收获时，病原菌以卵孢子在种子上或病残体中越冬。

不同品种的抗病性存在显著差异。感病品种病斑大，扩展迅速、为害重；抗病品种病斑小，为害轻、发展慢。大豆叶片展开 5～6 d 最易感病；叶片展开 8 d 以后则抗病。种子不带菌或带菌率低的，可不发病或发病轻；种子带菌率高，又遇适宜于发病的条件，发病早而重。湿度是孢子囊形成、萌发和侵入的必要条件，播种后低温有利于卵孢子萌发和侵入种子。

四、防治措施

1. 农业防治

选用抗病品种，保证种子不带菌，建立无病种子田，或从无病田中留种；如果在轻病田中留种，播前要精选种子，剔除病粒，采用无病种子播种必须进行种子处理；合理轮作，病残体上的卵孢子虽不是主要的初侵染来源，但轮作或清除病残体也可减轻发病；铲除病苗，当田间发现中心病株时，可结合田间管理清除病苗。

2. 药剂防治

(1)药剂拌种　选用 35%甲霜灵可湿性粉剂按种子重量的 0.3%拌种，或用 80%的克霉灵可湿性粉剂按种子重量的 0.3%拌种，防治病苗(初次发病中心)的平均效果可达 90%以上。也可选用福美双拌种。

(2)喷药防治　发病始期及早喷药，可选 75%百菌清可湿性粉剂 700～800 倍液或 70%代森锰锌可湿性粉剂 500 倍液或 50% 福美双可湿性粉剂 500～1 000 倍液或 64% 噁霜·锰锌 2 000 g/hm^2 或 25% 甲霜灵 1 500 g/hm^2 等进行喷雾，每隔 7～10 d 喷 1 次，共 2 次，用药液量 1 125 kg/hm^2。

知识文库 4 草地螟

草地螟(图 3-3)属鳞翅目，螟蛾科。别名黄绿条螟、甜菜网螟、网锥额蚜螟。分布在吉林、内蒙古、黑龙江、宁夏、甘肃、青海、河北、山西、陕西、江苏等省。为害大豆、甜菜、向日葵、亚麻、高粱、豌豆、扁豆、瓜类、甘蓝、马铃薯、茴香、胡萝卜、葱、洋葱、玉米等多种作物。幼虫取食叶肉，残留表皮，长大后可将叶片吃成缺刻或仅留叶脉，使叶片呈网状。大发生时，也为害花和幼荚。草地螟是一种间歇性暴发成灾的害虫。

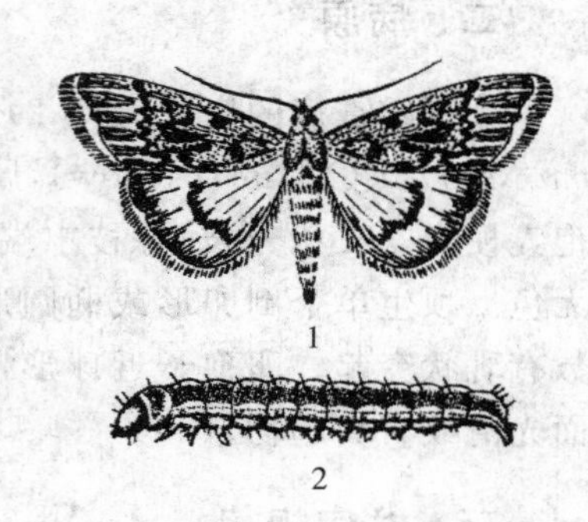

图 3-3 草地螟

1. 成虫 2. 幼虫

一、形态识别

草地螟成虫淡褐色，体长 8～10 mm，前翅灰褐色，外缘有淡黄色条纹，翅中央近前缘有一深黄色斑，顶角内侧前缘有不明显的三角形浅黄色小斑，后翅浅灰黄色，有两条与外缘平行的波状纹。幼虫共 5 龄，老熟幼虫 16～25 mm。1 龄淡绿色，体背有许多暗褐色纹。3 龄幼虫灰绿色，体侧有淡色纵带，周身有毛瘤。5 龄多为灰黑色，两侧有鲜黄色线条。

二、发生规律

草地螟在黑龙江省 1 年发生 2～3 代，以老熟幼虫在土内吐丝作茧越冬，翌春 5 月化蛹及羽化。成虫飞翔力弱，危害黑龙江省的草地螟主要是借高空气流长距离迁飞而来。资料显示东北地区严重发生的草地螟虫源，越冬代成虫一部分来自内蒙古乌盟地区，一部分来自蒙古共和国中东部及中俄边境地区；一代草地螟成虫主要来自内蒙古兴安盟、呼伦贝尔盟和蒙古共和国草原。草地螟成虫喜食花蜜，卵散产于叶背主脉两侧，常 3～4 粒在一起，以距地面 2～8 cm 的茎叶上最多。初孵幼虫多集中在枝梢上结网躲藏，取食叶肉，3 龄后食量剧增，幼虫共 5 龄。

三、防治措施

1. 积极诱杀成虫

杀灭草地螟于进地之前。采取高压汞灯杀虫十分有效，每盏高压汞灯可控制面积 20 hm^2，在成虫高峰期可诱杀成虫 10 万头以上，防治效果可达 70% 以上。所以要积极创造条件，增设高压汞灯及其他灯光诱杀设施，利用草地螟趋光习性，大量捕杀成虫，有效降低田间虫源。

2. 实施田间生态控制，减少田间虫源量

针对草地螟喜欢在灰菜、猪毛菜等杂草上产卵的习性，采取生态性措施，加大对草地螟的防治力度。实践证明，消灭草荒可减少田间虫量 30% 以上。还有就是要加快铲趟进度，及早消除农田草荒，集中力量消灭荒地、池塘、田边、地头的草地螟喜食杂草，改变草地螟栖息地的环境，达到减少落卵量、降低田间幼虫密度的目的。

3. 田间药剂防治幼虫

抓住幼虫防治的最佳时期，一般6月12日至20日是防治幼虫的最好时期。所以要求农户要及时查田。当大豆百株有幼虫30～50头，在幼虫3龄以前组织农户进行联防，统一进行大面积的防治。最好选用低毒、击倒速度快、又经济的药剂，防治比较好的药剂有4.5%高效氯氰菊酯乳油、2.5%溴氰菊酯乳油等，采用拖拉机牵引悬挂式喷雾机，小四轮拖拉机保持二档速度，喷药量为30 mL/667m^2，对水30 kg。或采用背负式机动喷雾器，每人之间间隔5 m，一字排开喷雾，集中防治。

4. 挖沟、设置药剂隔离带

在未受害田或田间幼虫量未达到防治指标的地块周边挖沟，沟上口宽30 cm，下口宽20 cm，沟深40 cm，中间立一道高60 cm的地膜，纵向每隔约10 m用木棍加固。另一种方法是在地块周边喷4～5 cm宽的药带，主要是阻止地块外的幼虫迁入危害。

知识文库5 大豆二条叶甲

二条叶甲（图3-4），属鞘翅目，叶甲科，是大豆常见害虫之一。分布各大豆产区，近年来在黑龙江省危害日趋严重。以成虫危害大豆子叶、生长点、嫩茎，把叶食成浅沟状圆形小洞，危害真叶呈圆形孔洞，严重时幼苗被毁，有时还危害花、荚、雌蕊等，致结荚数减少。幼虫在土中危害根瘤，致根瘤成空壳或腐烂，造成植株矮化，影响产量和品质。

一、形态识别

二条叶甲成虫体长2.7～3.5 mm，宽1.3～1.9 mm。体较小，椭圆形至长卵形，体黄褐色。鞘翅黄褐色，前翅中央各具1条稍弯的黑纵条纹。末龄幼虫体长4～5 mm，乳白色，头部、臀板黑褐色，胸足3对，褐色。

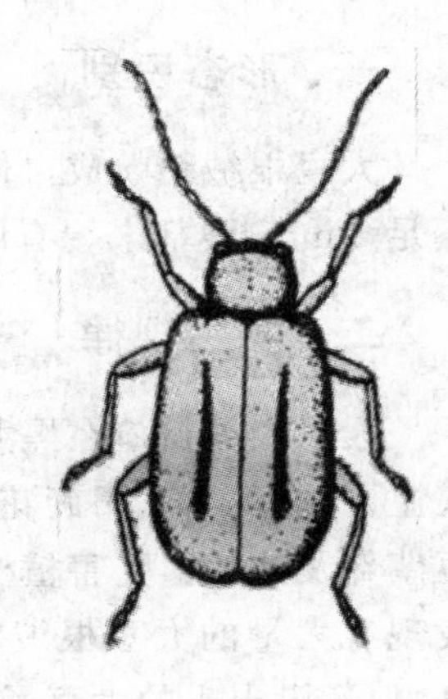

图3-4 二条叶甲

二、发生规律

大豆二条叶甲在东北1年发生3～4代，多以成虫在杂草及土缝中越冬。东北4月下旬至5月上旬始见成虫，5月中下旬为害刚出土豆苗，黑龙江为害豆叶，6月进入为害盛期。成虫活泼善跳，有假死性，白天藏在土缝中，早、晚为害，成虫把卵产在豆株四周土表，每雌产卵300粒，卵期6～7 d，幼虫孵化后就近在土中为害根瘤，末龄幼虫在土中化蛹，蛹期约7 d，成虫羽化后取食一段时间，于9～10月入土越冬。

连作地、田间四周杂草多；地势低洼、排水不良、土壤潮湿；氮肥使用过多或过迟；栽培过密，株行间通风透光差；施用的农家肥未充分腐熟；上年秋冬温暖、干旱、少雨雪，翌年高温、高湿、多雨，有利于虫害的发生与发展。

三、防治措施

1. 农业防治

秋收后及时清除豆田杂草和枯枝落叶，集中烧毁或深埋，如能结合秋翻效果更好。

2. 药剂防治

（1）预防　用35%多克福种衣剂包衣或用35%甲基硫环磷或35%乙基硫环磷乳油，按种子量的0.5%拌种。

（2）田间防治　可用2.5%高效三氟氯氰菊酯300～450 mL/hm^2 或2.5%溴氰菊酯300～450 mL/hm^2 或10%氯氰菊酯500～600 mL/hm^2 喷雾防治。

知识文库6　大豆根绒粉蚧

大豆根绒粉蚧属同翅目，粉蚧科。近年黑龙江省北部地区发生严重。大豆根绒粉蚧以若虫、成虫刺吸大豆茎部和叶片造成危害，发生严重时，布满大豆茎秆，严重影响大豆生长，地上部叶片自下而上变黄，植株矮小，叶片干枯，不能正常结荚。若虫非常小，肉眼难以发现。

一、形态识别

大豆根绒粉蚧成虫体长3.5～4.0 mm，椭圆形，体表附生白色长绒。初孵若虫红色，体长不足1 mm，腹部末端有两条较长的白色蜡毛。

二、发生规律

大豆根绒粉蚧在黑龙江省1年发生3代，以卵囊在土壤中或附于大豆根茎部越冬。第1代主要危害小蓟、田旋花等杂草，第2代、第3代危害大豆。大豆根绒粉蚧以成虫、若虫刺吸大豆茎部及叶片。受害植株矮小，叶片干枯，不能正常生长发育。大豆出土前，在蓟菜、稗草上就发现有大量的大豆根绒粉蚧若虫。在大豆幼苗上最早发现的时间是5月20日，已经将土拱开，但还没出土的大豆子叶及刚萌发的真叶布满了红色的大豆根绒粉蚧。平均每株30～40头，最多的1棵幼苗可达120多头。

三、防治措施

1. 农业防治

在发生大豆根绒粉蚧地块，清除田间大豆残根，集中烧毁，减少大豆在田间的越冬基数。

2. 药剂防治

有大豆根绒粉蚧的地块，应在大豆3叶期以前防治，3%啶虫脒乳油400～600 mL/hm^2＋4.5%高效氯氰菊酯乳油500～600 mL/hm^2 或70%吡虫啉水分散粒剂60～80 g/hm^2＋40%毒死蜱乳油900 mL/hm^2 或150 g/L吡虫啉·丁硫克百威乳油800～1 000 mL/hm^2 或20%噻嗪·杀扑磷乳油500 mL/hm^2 叶面喷雾。间隔5～7 d，连续喷洒2～3次，喷液量100～150 L/hm^2，喷雾时加入喷液量1%的植物油型助剂或加入0.1%有机硅助剂，应选用TeeJet 8002或80015型扇形喷嘴。

知识文库 7　大豆蓟马

为害大豆的蓟马主要有豆菊蓟马、烟蓟马、豆黄蓟马，均属缨翅目，蓟马科。在黑龙江省发生的蓟马主要是豆黄蓟马，主要以成虫、若虫为害，大豆从出苗到结荚都有蓟马危害，蓟马以成虫和若虫危害大豆叶、嫩荚和花器。以锉吸式口器锉吸叶背汁液。被害叶片出现灰白色斑点，成虫和若虫排出的粪便留在叶面上形成许多小黑点，使叶片逐渐变枯而形成许多褐色斑点，叶片皱缩变形，受害严重的幼苗叶背白色斑点可连成片，叶片正面变褐。生长点被害后，植株出现多头现象，节间不伸长，明显矮化或停止生长，逐渐枯死。

一、形态识别

蓟马成虫体长 1.0～2.5 mm，淡黄色或暗褐色，若虫与成虫相似，无翅。

二、发生规律

以豆黄蓟马为例。豆黄蓟马在密山地区 1 年发生 5～6 代。越冬成虫于 5 月下旬出现于早出苗的大豆上，甚至于尚未张开的子叶间。6 月初以后数量增多并大量繁殖。田间世代重叠。9 月以后陆续迁至枯枝落叶及杂草叶鞘内越冬。豆黄蓟马各世代历期因其发生时期的不同而有差异。第一及最后一个世代历期长，平均 24 d。中间 3～4 个世代平均历期 16.7 d。雌成虫寿命平均 17.5 d，雄成虫寿命平均 5.6 d。若虫各龄期随季节温度变化而异，6 月份平均温度 17.9℃，1～2 龄为 4 d，3～4 龄为 8 d；7 月份平均温度 23℃，1～2 龄为 6 d，3～4 龄为 3 d；8 月份平均温度 18.2℃，1～2龄为 6 d，3～4 龄为 5 d。

豆黄蓟马在大豆的不同发育时期危害程度不同，以苗期受害最重。这时的蓟马为越冬代及 1、2 代混合为害期。此时豆株幼嫩，营养良好，蓟马可大量繁殖。田间被害率上升迅速，在苗期完成前达最高峰。在生长中后期，植株长大，补偿能力加强，受害逐渐减轻。

豆黄蓟马 1 龄若虫爬行距离很有限，一般只在孵出叶片上爬行。2 龄若虫较活泼，常常爬行到其他叶片上寻找幼嫩叶片取食。成虫的飞翔力较弱，一次只能飞行数米远，高度不超过豆株上部 1 m。雌成虫很少起飞，但爬行很快。雄成虫很活泼并起飞频繁。可借助风力进行稍远距离的迁移，每日活动时间以上午 10 时前及下午 4 时后最盛，中午阳光照射下则潜伏于叶背栖息。雌成虫的危害不仅在于其吸食叶片汁液而且在产卵过程中以锯状产卵器刺破表皮组织造成伤口。成、若虫大多数在叶背及心叶内取食。对大豆植株的各器官来说取食情况也有所不同，以叶片上最多，其次为嫩荚上，茎上较少，花器上只偶尔可见。成、若虫均有一定的趋嫩性及趋触性，在叶上往往依附于叶脉或凹坑的边缘。

豆黄蓟马可进行孤雌生殖也可进行两性生殖。雄虫生活力较弱不能越冬。越冬成虫均雌性。越冬代雌成虫行孤雌生殖繁殖出第 1 代。在第 1 代成虫中出现雄虫，此时田间雌雄性比为 2:1。以后各代雄虫数量变化不大，到 8 月份田间雌雄性比为1.5:1。雌成虫具有锯状产卵器，可将卵产于植物组织内，产卵部位多为幼嫩叶片的近叶脉处。卵散产成小片集中，一处产几粒到十几粒。

豆黄蓟马成虫在 6 月末到 7 月初达到最高峰而若虫峰值稍延后，此时大豆受害最重。此后田间蓟马数量虽可维持在较高水平但豆株长大受害相对减轻。

三、防治措施

1. 农业防治

及时进行中耕除草，清除豆田内外杂草，以减轻蓟马危害。

2. 药剂防治

豆复叶展开后，气候温暖，光照充足，大风日少，轻旱的年份蓟马发生重。大豆 2～3 片复叶期，每株有蓟马 20 头或顶叶皱缩时，用 25%噻虫嗪水分散粒剂 150～240 g/hm² 或 2.5%多杀霉素悬浮剂 100～150 mL/hm² 或 20%啶虫脒可湿性粉剂 100～150 g/hm² 或 10%吡虫啉可湿性粉 450～600 g/hm² 对水喷雾。

知识文库 8　影响大豆田苗后茎叶处理除草药效的相关因素

茎叶处理除草技术是在大豆出苗后喷洒于杂草和作物植株茎叶上的一类除草技术，利用杂草茎叶吸收和传导来消灭杂草。这种施药方法，药剂不仅能接触到杂草，也能接触到作物，因而要求除草剂具有较高的选择性。与土壤处理相比，茎叶处理不受土壤类型、有机质含量及机械组成的影响，可以看草施药，机动灵活，但持效期短，只能杀死已出苗的杂草。因此，施药期是一个关键问题，施药过早，大部分杂草尚未出土，难以收到较好的防治效果；施药过晚，作物和杂草已长到一定高度，相互遮蔽，不仅杂草抗药性增强，而且阻碍药液雾滴均匀黏着于杂草植株上，使防治效果下降。

一、气候条件

(1)温度　施药时温度过高，一是杂草气孔关闭，叶片蜡质层增厚，影响药剂的吸收，另外药剂挥发快，造成有效成分的损失，也影响药效；二是大豆对触杀型除草剂如三氟羧草醚、氟磺胺草醚、乳氟禾草灵、乙羧氟草醚等药剂吸收快，易产生药害。施药时温度过低，大豆对内吸性除草剂如咪唑乙烟酸等降解能力差，也容易产生药害。施用茎叶除草剂适宜温度 15～25℃，低于 13℃，高于 28℃应禁止施药。

(2)空气相对湿度　在长期干旱的情况下，杂草叶片气孔关闭，蜡质层加厚，影响药剂的吸收，从而降低除草效果。施用茎叶除草剂当空气相对湿度低于 65%时就会影响药效。

(3)风速　风速过大会造成雾滴漂移、喷雾不匀，影响药效或造成药害。喷药时风速要在 4 m/s 以下。

二、喷雾器械及喷雾技术

苗后茎叶处理对喷雾器械及喷药作业要求较高，一般要求喷雾器气室内压力 3～5 个 Pa，采用扇形喷嘴(药罐要有调压压阀、压力表)，用 100 筛目过滤网，每个喷嘴喷液量 0.4～0.8 L/min，喷雾直径 250～300 μm，喷药量控制在 150 L/hm² 左右。机械喷雾杆与地面高度要求 40～

60 cm，拖拉机速度应控制在 6～8 km/h。

三、施药时期

苗后茎叶处理最佳施药期在稗草 3～5 叶期、阔叶草 2～4 叶期(5 cm 左右)，防除鸭跖草必须在 3 叶期前。施药过早杂草出苗不齐，后出苗杂草接触不到药剂不能够被杀死；施药过晚大豆的抗性减弱，杂草的抗性增强，防除难度大，需增加药量，既增加成本，容易产生药害。

知识文库 9　大豆田苗后茎叶处理常用的除草剂

1. 烯禾啶

烯禾啶属环己烯酮类内吸传导型除草剂。能有效防除一年生禾本科杂草，如稗草、马唐、野燕麦等。被禾本科杂草茎叶吸收，施药 3 d 后杂草停止生长，5 d 后新叶易抽出，7 d 后新叶褪绿变色，10～15 d 杂草整株枯死。12.5%烯禾啶用药量随着杂草叶龄的增加而增加，一般稗草 2～3 叶期 1.0 L/hm^2，稗草 4～5 叶期 1.5 L/hm^2，稗草 6～7 叶期 2.0 L/hm^2，在稗草 2～3 叶期施药最佳。

2. 精喹禾灵

精喹禾灵属芳氧苯氧丙酸类选择性内吸传导型除草剂。可防除一年生禾本科杂草，如稗草、马唐、野燕麦、狗尾草等。50 g/L 精喹禾灵防除 3～5 叶期稗草 0.75～1.05 L/hm^2；防除野燕麦、狗尾草 0.9～1.5 L/hm^2。用药量随着杂草叶龄增加而进行调整。

3. 精吡氟禾草灵

精吡氟禾草灵属芳氧苯氧丙酸类选择性内吸传导型除草剂。被杂草茎叶吸收，对大豆安全。可以防除稗草、马唐、野燕麦、狗尾草、野黍、碱草、芦苇等一年生及多年生禾本科杂草。150 g/L精吡氟禾草灵防治 2～3 叶期稗草 0.5～0.75 L/hm^2，4～5 叶期 0.75～1.0 L/hm^2，5～6 叶期 1.0～1.2 L/hm^2；防除野燕麦、狗尾草 1.2 L/hm^2；防除野黍 1.55 L/hm^2；防除芦苇 2 L/hm^2。精吡氟禾草灵可溶性好，除咪唑乙烟酸之外，均可与其他阔叶剂混用。

4. 高效氟吡甲禾灵

高效氟吡甲禾灵属芳氧苯氧丙酸类选择性内吸传导型除草剂。被杂草茎叶吸收，对大豆安全。可防除稗草、马唐、野燕麦、狗尾草、野黍、碱草、芦苇等一年生及多年生禾本科杂草。108 g/L 高效氟吡甲禾灵在稗草 3～4 叶期施药 0.4～0.45 L/hm^2，稗草 4～5 叶期施药 0.45～0.5 L/hm^2，稗草 5 叶期以上施药 0.6 L/hm^2；防除野燕麦、狗尾草 0.6～0.75 L/hm^2；防除野黍 0.75～0.9 L/hm^2；防除芦苇 0.9～1.0 L/hm^2。高效氟吡甲禾灵可溶性好，除咪唑乙烟酸之外，均可与其他阔叶剂混用。

5. 烯草酮

烯草酮属环己烯酮类内吸传导型除草剂，可防除稗草、马唐、野燕麦、狗尾草、野黍、碱草、芦苇等一年生及多年生禾本科杂草。防除 3～5 叶期稗草，120 g/L 烯草酮乳油 0.525～0.6 L/hm^2 或 240 g/L 烯草酮乳油 0.26～0.3 L/hm^2；防除野燕麦、狗尾草 240 g/L 烯草酮乳油 0.4～0.6 L/hm^2；防除野黍 240 g/L 烯草酮乳油 0.6～0.8 L/hm^2；防除芦苇 240 g/L 烯草酮乳油0.9～1.0 L/hm^2。

烯草酮是可溶性最差的杀稗剂，只能与氟磺胺草醚、异噁草松混用。

6. 氟磺胺草醚

氟磺胺草醚属二苯醚类选择性触杀型除草剂，杂草根茎叶均可吸收，杂草受害症状为叶片黄化或枯斑，最后枯萎死亡。氟磺胺草醚主要防除苋、藜、蓼、苍耳、狼把草、鸭跖草、小蓟、大蓟、苣荬菜、问荆等。250 g/L 氟磺胺草醚水剂在大豆 1～2 片复叶期，阔叶杂草 1.5～2 叶期1.5～2 L/hm²，加有机硅助剂杰效利能提高防除效果；20%氟磺胺草醚乳油 1.05～1.35 L/hm²，氟磺胺草醚乳油不可加入有机硅助剂。氟磺胺草醚是大豆田苗后最主要的杀阔剂，是唯一能与绝大多数杀稗剂混用的除草剂，杀草谱最广，适用范围最广，使用量最大。后作敏感作物是玉米、高粱、谷子、马铃薯等。

7. 灭草松

灭草松属嘧啶类选择性触杀型除草剂。主要防除苋、藜、蓼、苍耳、狼把草、鸭跖草(3 叶前)、小蓟、大蓟、苣荬菜、问荆等。灭草松对小蓟、大蓟、苍耳特效。灭草松最佳施药期是大豆 1～2 片复叶期，阔叶杂草 2～4 叶期(5 cm 左右)，480 g/L 灭草松 2.0～3.0 L/hm²。土壤水分、空气湿度适宜、杂草苗小时低剂量；干旱、草龄大或多年生杂草多时用高量。施药时应在早晚气温低、空气湿度大、风小时进行，施药后 8h 内降雨会降低药效。灭草松是杀大豆田阔叶杂草中对大豆最安全的除草剂，且对后作无影响，但由于活性略低，生产上一般不与杀稗剂单独混用，多采用与氟磺胺草醚或异噁草松混配后再与杀稗剂混用，以提高除草效果。

8. 异噁草松

异噁草松属嘧啶类选择性触杀型除草剂，药剂特点及防除对象在苗前封闭除草部分中已做了详细介绍。异噁草松除可通过杂草根部吸收外还可以通过杂草的茎叶吸收，适药时间长，对大豆安全，所以也可做茎叶处理使用药剂。在大豆 1～2 片复叶期，阔叶杂草 2～4 叶期(5 cm 左右)使用，480 g/L 异噁草松 0.8～1.2 L/hm²。异噁草松一般不单独与杀稗剂混用，多采用与氟磺胺草醚或灭草松混配后再与杀稗剂混用，以延长药效持效期，提高除草效果。

9. 三氟羧草醚

三氟羧草醚属二苯醚类选择性触杀型除草剂，苗后早期茎叶处理可防除苋、藜(2 叶期前)、蓼、苍耳(2 叶期前)、狼把草、鸭跖草(3 叶前)等一年生杂草。三氟羧草醚施药期应掌握在大豆 1～2 片复叶期，阔叶杂草 2～4 叶期(5 cm 左右)施药，苍耳、藜超过 2 叶期，鸭跖草超过 3 叶期抗药性增强，药效不好。三氟羧草醚在生产上不能单独使用，多与两种或两种以上杀阔剂混用，加 21.4%三氟羧草醚 0.6～0.7 L/hm²，可提高杀草速度并提高对大龄杂草的防效。三氟羧草醚对排水不良、低洼地块的大豆易造成药害。药量过高或高温干旱也易造成药害。在空气湿度低于 65%、气温低于 21℃或高于 27℃、土壤温度低于 15℃都不适于喷施三氟羧草醚。

10. 乙羧氟草醚

二苯醚类选择性触杀型除草剂，被杂草吸收后在杂草内传导作用很小。乙羧氟草醚对杂草杀伤速度快，对后茬无影响，可有效防除苋、藜、蓼、苍耳、狼把草、鸭跖草、大蓟等多种阔叶杂草。乙羧氟草醚在大豆 1～2 片复叶期，阔叶杂草 2～4 叶期(5 cm 左右)施药，在生产上不单独使用，多与两种或两种以上杀阔剂混用，加 10%乙羧氟草醚 0.25～0.5 L/hm²，用于提高杀草速度及提高对大龄杂草的防效。

11. 氯酯磺草胺

氯酯磺草胺属磺酰胺类除草剂，苗后用于大豆田防除阔叶杂草，可有效防除大豆田鸭跖草，对苦菜、苣荬菜有较强的抑制作用。同时对打碗花、刺儿菜、铁苋菜、蒿等均有杀伤力，药剂经杂草叶片、根吸收累积在生长点，抑制乙酰乳酸合成酶(ALS)，影响蛋白质的合成，使杂草停止生长而死亡。84%氯酯磺草胺 30～37.5 g/hm^2，于鸭跖草 3～5 叶期，大豆第 1 片 3 出复叶后施药，施药方法为茎叶喷雾。施药后该药的大豆叶片可能出现暂时一定程度的退绿药害症状，后期可恢复正常，不影响产量。

知识文库 10　大豆田苗后茎叶处理常用除草剂配方

一、烯禾啶同防除阔叶杂草药剂混用配方(用药量按公顷计算)

①12.5%烯禾啶 1.5～2.0 L+250 g/L 氟磺胺草醚 1.5～2.0 L，对水 150 L 均匀喷雾。

②12.5%烯禾啶 1.0～1.5 L+480 g/L 异噁草松 0.6～0.75 L+250 g/L 氟磺胺草醚0.8～1.0 L，对水 150 L 均匀喷雾。

二、精喹禾灵同防除阔叶杂草药剂混用配方(用药量按公顷计算)

①50 g/L 精喹禾灵 1.5～2.0 L+250 g/L 氟磺胺草醚 1.5～2.0 L，对水 150 L 均匀喷雾。

②50 g/L精喹禾灵 1.0～1.5 L+480 g/L 异噁草松 0.6～0.75 L+250 g/L 氟磺胺草醚0.8～1.0 L，对水 150 L 均匀喷雾。

三、精吡氟禾草灵同防除阔叶杂草药剂混用配方(用药量按公顷计算)

①150 g/L 精吡氟禾草灵 0.9 L+250 g/L 氟磺胺草醚 1.5～2.0 L，对水 150 L 均匀喷雾。

②150 g/L 精吡氟禾草灵 0.75 L+480 g/L 异噁草松 0.6～0.75 L+480 g/L 灭草松2.0 L，对水 150 L 均匀喷雾。

③150 g/L 精吡氟禾草灵 0.75 L+480 g/L 异噁草松 0.6～0.75 L+250 g/L 氟磺胺草醚 0.8～1.0 L，对水 150 L 均匀喷雾。

④150 g/L 精吡氟禾草灵 0.9 L+480 g/L 灭草松 2.0 L+250 g/L 氟磺胺草醚 0.8～1.0 L，对水 150 L 均匀喷雾。

施药地块若杂草基数多，叶龄大时，可加入 10%乙羧氟草醚 0.25～0.5 L，加快除草速度，提高除草效果。

四、高效氟吡甲禾灵同防除阔叶杂草药剂混用配方(用药量按公顷计算)

①108 g/L 高效氟吡甲禾灵 0.5～0.6 L+250 g/L 氟磺胺草醚 1.5～2.0 L，对水 150 L 均匀喷雾。

②108 g/L 高效氟吡甲禾灵 0.45～0.5 L+480 g/L 异噁草松 0.6～0.75 L+250 g/L 氟磺胺草醚 0.8～1.0 L，对水 150 L 均匀喷雾。

③108 g/L 高效氟吡甲禾灵 0.45～0.5 L+480 g/L 异噁草松 0.6～0.75 L+480 g/L 灭草松 2.0 L。对水 150 L 均匀喷雾。

④108 g/L 高效氟吡甲禾灵 0.5～0.6 L＋250 g/L 氟磺胺草醚 0.8～1.0 L＋480 g/L 灭草松 2.0 L。对水 150 L 均匀喷雾。

施药地块若杂草基数多，叶龄大时，可加入 10％乙羧氟草醚 0.25～0.5 L，加快除草速度，提高除草效果。

五、高效烯草酮同防除阔叶杂草药剂混用配方(用药量按公顷计算)

①120 g/L 烯草酮 0.525～0.6 L＋250 g/L 氟磺胺草醚 1.5～2.0 L，对水 150 L 均匀喷雾。

②120 g/L 烯草酮 0.525～0.6 L＋250 g/L 氟磺胺草醚 0.8～1.0 L＋480 g/L 异噁草松 0.6～0.75 L，对水 150 L 均匀喷雾。

知识文库 11 大豆田抗性杂草的防除

一、鸭趾草

①封闭除草采用相对效果好的除草剂，如唑嘧磺草胺、丙炔氟草胺、嗪草酮、氟磺胺草醚。

②苗后除草选用氯酯磺草胺。

③尽可能提早在鸭趾草 2 叶期前施药。

④常规药剂的混配。

⑤添加植物油及其他助剂。

二、苣荬菜

①早春播种前以草甘膦处理。

②封闭除草采用异噁草酮、2,4-D 丁酯、嗪草酮、咪唑乙烟酸等相对好的除草剂。

③苗后采用氯嘧磺隆、咪唑乙烟酸等药剂。

④苗后常规药剂的混配。

⑤添加植物油及其他助剂。

⑥加强耕作，切断地下根，隆低发芽率和防除难度。

⑦大豆成熟后，喷施草甘膦，降低第 2 年杂草发生基数。

⑧换荐种植小麦、玉米后，施用 2,4-D 丁酯。

三、小蓟

①早春播种前以草甘膦处理。

②封闭除草采用异噁草酮、2,4-D 丁酯、嗪草酮、咪唑乙烟酸等相对好的除草剂。

③苗后采用氯嘧磺隆、咪唑乙烟酸等药剂。

④苗后常规药剂的混配。
⑤加强耕作，切断地下根，降低发芽率和防除难度。
⑥大豆成熟后，喷施草甘膦，降低第2年杂草发生基数。

四、田旋花

①早春播种前以草甘膦处理。
②封闭除草采用异噁草酮、2,4-D丁酯、嗪草酮、咪唑乙烟酸等相对好的除草剂。
③苗后采用氯嘧磺隆、咪唑乙烟酸等药剂。
④苗后常规药剂的混配。
⑤添加植物油及其他助剂。

五、问荆

①换茬种植小麦、玉米后，施用2,4-D丁酯。
②添加植物油及其他助剂。

六、野黍

①苗后补救，采用精吡氟禾草灵、烯草酮。
②添加植物油及其他助剂。

七、狗尾草

①苗后补救，采用精吡氟禾草灵、烯草酮。
②添加植物油及其他助剂。

知识文库12　大豆除草剂中文通用名、商品名对照表

大豆除草剂中文通用名、商品名对照表如表3-2所示。

表3-2　大豆除草剂中文通用名、商品名对照表

通用名	商品名
乙草胺	禾耐斯
异丙甲草胺	都尔、杜尔
异丙草胺	普乐宝
甲草胺	拉索、草不绿
异噁草松	广灭灵
噻吩磺隆	宝收
丙炔氟草胺	速收
唑嘧磺草胺	阔草清

续表 3-2

通用名	商品名
百草枯	克芜踪、对草快
草甘膦	农达、镇草宁
嗪草酮	赛克津、赛克、立克除
咪草烟	普杀特、普施特、咪唑乙烟酸
2,4-D丁酯	
2,4-D异辛酯	
精喹禾灵	精禾草克
烯禾定	拿捕净
吡氟禾草灵	稳杀得
精吡氟禾草灵	精稳杀得
吡氟氯禾灵	盖草能
高效氟吡甲禾灵	高效盖草能
烯草酮	收乐通
氟磺胺草醚	虎威、除豆莠
灭草松	苯达松
氯酯磺草胺	豆杰
三氟羧草醚	杂草焚
乳氟禾草灵	克阔乐

知识文库 13　国外除草新技术

一、光化学除草法

科学家已经成功地研制出一种光化学除草剂，将其施用到小麦、玉米等农作物的地里时，一遇到阳光，就会自动产生化学反应，可高效地把杂草杀死，而不损害农作物。

二、电流除草法

国外的许多科学家通过试验证明，植物对电流的敏感程度，取决于植物中所含纤维和木质素的多少，高电流能极大地损害杂草，而对农作物则通常无害。为此，有的国家已研制出一种可安装在农业机械上的电流除草设备，并开始用来进行大面积的高压电流除草。在甜菜和棉花地里的试验表明，该法可除掉97%～99%的杂草，而且电压越高除草效果越好。

三、地膜除草法

在地膜的生产过程中，添加进一定数量的除草剂，可使其覆盖在地下，只生长农作物，不生长杂草。目前，国外已推出无色或有色的多种除草薄膜，使用的范围正在扩大。

四、塑料绳除草法

美国研制成功一种不仅能吸收除草剂，而且能缓慢地释放除草剂的塑料绳。将这种塑料绳填入飞机跑道和人行道的接合处及裂缝处，可在长达20年的时间内使这些地方没有杂草生长和蔓延，以保护沥青和混凝路面，避免因杂草蔓延生长而出现的各种事故。

五、以肥除草法

据国外生物学家的试验，在杂草丛生的田里，施用一种名为“阿尔阿”的氨基酸，既可增加农作物的肥料，又能使田间的杂草自灭。日本有一位农民，在秋季割稻后到11月期间，在连续晴天时，将地耕翻2遍，促使杂草籽枯死。然后，在每0.67 hm^2 水田里，撒稻壳1 t和油渣4 kg，调和均匀后撒布，至第2年种植水稻时，稻壳腐烂，不仅能肥田，而且稻壳所浸出的微量稻皮内脂和苯酚类物质，可抑制杂草发芽，使稻田中不生杂草。

六、植物相克除草法

利用不同植物之间相克的特性，以某种作物灭除某种杂草。据国外科学家的试验，向日葵能有效地抑制曼陀罗花、马齿苋等野生杂草的生长；高粱能抑制大须芒草、柳枝稷、垂穗草等野生杂草的生长。在农作物地里或苗园里套种芒麻，可以消灭小竹；在竹林边种芒麻，可制止竹鞭蔓延等。

知识文库14　大豆的生育时期

在大豆播种后依次经历种子萌发出苗期、幼苗期、分枝期（花芽分化期）、开花结荚期和鼓粒成熟期几个阶段。根据植株生长中心与营养分配状况，又把大豆一生分为3个生育阶段，即自种子萌发出苗到始花之前的营养生长阶段（前期）；自始花至终花的营养生长与生殖生长并进阶段（中期）；自终花至成熟的生殖生长阶段（后期）。

知识文库15　大豆看苗诊断技术

通过大豆田间看苗诊断，区分壮苗、弱苗、徒长苗，以便及时采取相应的促控措施，促进弱苗和徒长苗向好的方向转化，是促进大豆高产的一项关键措施。大豆幼苗分类标准见表3-3。

表 3-3 大豆幼苗分类标准

项目	壮苗	弱苗	徒长苗
根系	发育良好,主根粗壮,侧根发达,根瘤多	欠发达,侧根、根瘤较少	不发达,侧根、根瘤少
幼茎	粗壮	较纤弱	细长
节间	适中,叶间距≤3 cm	过短	过长
子叶、单叶	肥大厚实	小而薄	大而薄
叶色	浓绿	黄绿	淡绿

知识文库 16 中耕

中耕是指在作物生育期间在株行间进行铲蹚的作业,目的在于消除田间杂草,疏松表土层,提高土壤通透性,增加孔隙度,蓄水增温,促进微生物活动和养分分解,有利于根系良好生长。中耕要结合培土,培土是结合中耕把土壅到作物根部四周的作业,目的是增加茎秆基部的支持力量,同时还具有促进根系发展,防止倒伏,便于排水,覆盖肥料等作用。

一般中耕 3 次,第 1 次在幼苗 2 片真叶展开后进行,此时根系分布浅,中耕深度不宜超过 4 cm,以免伤根。大豆播后如遇大雨造成表土板结、出苗困难,可提早进行中耕松土,以帮助大豆顺利出苗。苗高 10～14 cm 时进行第 2 次中耕除草,深度 5～6 cm。培土高度要接近或超过子叶节,促进茎部多生不定根,以加强吸收力和抗倒伏能力。第 3 次中耕一般在苗高 20 cm 左右,开花前进行,此时根系发达,宜浅耕,并结合培土,以增强植株抗倒伏能力。

知识文库 17 追肥

大豆进入分枝期,植株生长旺盛,花芽开始分化,需肥较多,追施适量氮肥可促进茎叶和分枝生长及花芽分化。在土壤肥力较低的地块上,大豆苗期生长势较弱,封垄有困难的情况下,可于大豆分枝期或初花期进行追肥,对大豆有增产作用。分枝期正是大豆花芽分化时期,此时追肥能增加分枝数和花芽数。开花结荚期植株生理活动旺盛,需要大量养分,追肥能满足开花结荚对营养的需求。注意氮肥施用量不可过多,以免造成营养生长过旺而影响花芽分化和根瘤菌生长,或引起后期徒长倒伏。如果基肥或苗肥追肥充足,植株生长健壮,这次追肥可以不施。

最适宜的追肥方法是根外追肥,根据大豆生长情况追 1～3 次。于大豆初花期,根外追施氮、磷、钾肥料。氮、磷、钾按 1∶0.5∶1的比例混合后,配制成 100 倍溶液,每公顷喷施溶液 900 kg。于在下午 3 时以后喷施,如果遇雨要重喷。10 d 后进行第 2 次追肥,再过 10 d 后进行第 3 次追肥。面积较小时用人工或机动喷雾器喷洒,面积大、有条件时用飞机喷洒。根据大豆缺素状况还可追施微量元素,其中钼肥必须单喷。

知识文库 18 灌水

根据大豆需水规律，苗期除非遇到严重干旱，一般不灌水，以利于扎根壮苗。

分枝期干旱会影响花芽分化数量，干旱时可酌情灌水。一般在下午 3～4 时植株叶片出现萎蔫时灌溉。灌溉以喷灌最好，其次为沟灌和畦灌，切忌用大水漫灌。大豆不耐淹涝，如土壤水分饱和或遇雨田间积水，应及时排水晾田。

大豆开花结荚期对水分反应敏感，是大豆的水分临界期。如果水分不足，就会导致大量落花落荚。因此，如遇干旱，必须及时灌水，以满足开花结荚对水分的需要。大豆既需要水又怕水，花荚期渍水也易引起落花落荚。因此，在搞好灌溉的同时，也要注意排涝。

鼓粒期豆粒体积迅速增大，需水量较多。鼓粒期缺水，若适当少灌，能显著提高粒重和产量，改进大豆品质。鼓粒后期减少土壤水分可促进早熟。在鼓粒初期及中期遇旱，应及时灌水保湿，鼓粒后期则要彻底排水防渍促进豆荚成熟，防止贪青晚熟，或黄叶烂根，影响产量和品质。

项目四　大豆生长中后期管理阶段植保措施及应用

◙ 技术培训

大豆生长中后期管理阶段植保措施主要是做好大豆灰斑病、紫斑病、褐斑病、病毒病、大豆羞萎病等病害以及大豆食心虫、朱砂叶螨、大豆蚜虫、双斑萤叶甲等害虫防治工作。为大豆生长发育创造良好的环境，减少病粒率及虫食率，保证大豆产量及品质。

一、大豆生长中后期病害防治

(一)大豆灰斑病、紫斑病

(1)症状识别　灰斑病病斑圆形或椭圆形，边缘褐色、中央灰色或灰褐色的蛙眼状病斑，潮湿时在叶背面病斑中央密生灰色霉层；紫斑病病斑紫色多角形，褐色或浅灰色斑，潮湿时在叶背面病斑上生稀疏的灰黑色霉层.

(2)药剂防治　40%多菌灵胶悬剂 1 500 mL/hm^2 或 80%多菌灵 750 g/hm^2 或 70%甲基硫菌灵 1 500 g/hm^2，结合叶面肥于大豆花荚期叶面喷雾。

(二)大豆褐斑病

(1)症状识别　子叶病斑不规则形，暗褐色，上生很细小的黑点。真叶病斑棕褐色，轮纹上散生小黑点，病斑受叶脉限制呈多角形，直径 1～5 mm，严重时病斑愈合成大斑块，致叶片变黄脱落。

(2)药剂防治　在大豆 3 片复叶期和鼓粒期易发病，在发病初期用 70%甲基硫菌灵 1 125～1 500 g/hm^2 或 25%嘧菌酯 900～1 200 mL/hm^2 叶面喷雾。

(三)大豆病毒病

(1)症状识别　病叶呈黄绿相间的斑驳，严重皱缩，病种子产生云纹状或放射的斑驳。

(2)药剂防治　防治蚜虫，应及时喷药，消灭传毒介体。在蚜虫发生期可选用 3%啶虫脒乳油 1 500 倍液，或用 2%阿维菌素乳油 3 000 倍液，或用 10%吡虫啉可湿性粉剂 3 000 倍液，或用 2.5%高效氯氟氰菊酯 1 000～2 000 倍液等药剂喷雾防治。此外，用银灰薄膜放置田间驱蚜，防病效果达 80%。

(四)大豆羞萎病

(1)症状识别　叶脉产生褐色至黑褐色细条斑，叶柄扭曲或叶片反转下垂，基部细缢变黑。

(2)药剂防治　在发病初期喷施 25%咪鲜胺水乳剂 250 mL＋43%戊唑醇悬浮剂50 mL/hm^2 或 50%异菌脲可湿性粉剂 1 000 倍液；或 50%腐霉利可湿性粉剂 1 000 倍液；或 70%甲基硫菌

灵可湿性粉剂600倍液，每隔7～10 d喷1次，共喷2～3次。喷药时加入芸苔素内酯类植物生长调节剂，可促进病株尽快恢复生长。

（五）大豆轮纹病

(1)症状识别　大豆叶片中央灰褐色，边缘深褐色，并有同心轮纹，后期轮纹上有小黑点，一般病斑较薄，易破裂穿孔。

(2)药剂防治　同灰斑病。

（六）大豆茎枯病

(1)症状识别　茎秆初期生长椭圆形病斑，灰褐色，后扩大成一块块灰黑色长条形病斑，重者可绕茎一周，使茎秆变为黑色。病部有不清晰的小黑点，落叶后症状明显。

(2)药剂防治　消灭病残体减少菌源。可与其他作物轮作2年以上。

二、大豆生长中后期害虫防治技术

（一）大豆食心虫

(1)被害状识别　大豆食心虫以幼虫钻入荚内咬食豆粒，轻者将豆粒咬成沟，似兔嘴状，重者吃掉大半豆粒，降低产量和品质。

(2)药剂防治　连续3 d累记百米（双行）蛾量达百头或成虫出现打团，出现成倍增长的现象，表明成虫已进入盛发期，1～2 d内应开始防治成虫。盛期后7～10 d为幼虫防治适期。

①在大豆封垄好的情况下，大豆种植面积小的地块可用敌敌畏熏蒸。即用80%敌敌畏乳油1 500～2 250 mL/hm^2，将高粱或玉米秆截成两节一根，一端去皮，吸足药液制成药棒，将药棒未浸药的一端插在豆田内，每隔5垄插一行，4～5 m插一根。要注意敌敌畏对高粱有害，距高粱20 m以内的豆田内不能施用。

②封垄不好时可用菊酯类等药剂喷雾防治。在蛾高峰期适时用药，用2.5%溴氰菊酯乳油450～750 mL/hm^2，或4.5%高效氯氰菊酯乳油375～600 mL/hm^2对水450 kg喷雾，喷药时要注意雨天对药效的影响。

（二）朱砂叶螨

(1)被害状识别　朱砂叶螨在叶背面吐丝结网吸食汁液，受害豆叶片初期呈黄白色白斑，逐渐变成灰白色斑和红斑。受害叶片卷缩、枯焦脱落，重地块如火烧状，叶片脱落至光秆。受害豆株生长矮小，结荚少，豆粒变小。

(2)药剂防治　夏季高温偏旱，雨日少，点片发生时应防治。可用73%克螨特600～1 050 mL/hm^2或48%毒死蜱750～1 500 mL/hm^2或2.5%高效氯氟氰菊酯900～1 500 mL/hm^2叶面喷雾防治。

（三）大豆蚜

(1)被害状识别　大豆蚜集中在大豆植株的顶叶和嫩叶背面、嫩茎、嫩荚上刺吸汁液。豆叶被害处叶绿素消失，形成鲜黄色的不规形的病斑，而后黄斑逐渐扩大，并变为褐色；受害严重的植株茎叶卷缩、发黄、植株矮小，分枝及结荚少，影响大豆产量。

(2)药剂防治　在6月中下旬天气较干旱，预报7月上旬无大雨或暴雨，于6月下旬开始田间调查，当发现有20%植株、每株有蚜虫10头以上时即进行防治。每公顷用药量如下：3%啶虫脒乳油 600～750 mL/hm^2；2.5%高效三氟氯氰菊酯 450 mL/hm^2；2.5%溴氰菊酯 450～750 mL/hm^2；48%毒死蜱 600 mL/hm^2；40%氧乐果 1 500 mL/hm^2；50%抗蚜威 150～225 g/hm^2，干旱条件下加入喷液量1%的植物油型喷雾助剂或加入喷液量 0.05%～0.1%的有机硅助剂。

(四)双斑萤叶甲

(1)被害状识别　成虫食大豆叶片成缺刻或孔洞。

(2)药剂防治　2.5%溴氰菊酯 300～450 mL/hm^2 或 4.5%高效氯氰菊酯 300～400 mL/hm^2 对水喷雾防治。

(五)大豆夜蛾类

为害大豆的鳞翅目夜蛾科的害虫种类很多，在黑龙江省常见的有焰夜蛾、豆卜馍夜蛾、红棕灰夜蛾、苜蓿夜蛾等，这些夜蛾科幼虫，可为害大豆叶片，影响大豆产量。

(1)被害状识别

①焰夜蛾　以幼虫为害大豆叶片，将叶片吃成缺刻或孔洞，还可为害豆荚和豆粒。

②豆卜馍夜蛾　以幼虫为害大豆叶片，将叶片吃成缺刻或孔洞，甚至可将叶片吃光，仅留叶脉。

③红棕灰夜蛾　被害状同豆卜馍夜蛾。

④苜蓿夜蛾　以幼虫为害大豆叶片，低龄幼虫可将豆叶卷起，潜入其中为害，长大后则沿叶脉暴食，可将叶片吃成孔洞或缺刻或只剩叶脉，结荚期常将豆荚咬一圆孔，取食未成熟的豆粒。

(2)药剂防治　一般在幼虫初发期或 3 龄前用 2.5%溴氰菊酯 300～450 mL/hm^2 或 4.5%高效氯氰菊酯 300～400 mL/hm^2对水喷雾防治。

(六)大豆毒蛾类

为害大豆毒蛾主要有灰斑古毒蛾和大豆毒蛾 2 种。

(1)被害状识别　2 种毒蛾均以幼虫为害大豆叶片，初孵幼虫仅食叶肉，叶片仅剩网状叶脉，幼虫长大后便将叶片吃成缺刻或孔洞，严重时可将全叶吃光。

(2)药剂防治　在大豆田进行普查，当发现有毒蛾幼虫为害较重时，即应进行田间药剂防治，方法同大豆夜蛾类害虫。

(七)大豆灯蛾类

大豆灯蛾类害虫主要有红腹灯蛾、红缘灯蛾和黄腹灯蛾。其幼虫俗名毛毛虫。

(1)被害状识别　3 种灯蛾均以幼虫为害叶片，轻者将叶片吃成缺刻或孔洞，为害严重时可将叶片吃光，有时可将幼茎全部吃掉。

(2)药剂防治　挖沟阻杀，沟内可用杀虫剂消灭迁移害虫。如在豆田发现有灯蛾幼虫为害，即应进行田间防治。方法同夜蛾类防治。

技术推广

一、任务

向农民推广大豆生长中后期阶段植保措施及应用技术。

二、步骤

(1)查阅资料　学生可利用相关书籍、期刊、网络等查阅大豆生长中、后期阶段植保措施及应用,为制作 PPT 课件准备基础材料。

(2)制作技术推广课件　能根据教师的讲解,利用所查阅资料,制作技术推广课件。要求做到内容全面、观点正确、图文并茂等。

(3)农民技术推广演练　课件做好后,以个人练习、小组互练等形式讲解课件,做到熟练、流利讲解。

三、考核

先以小组为单位考核,然后由教师每组选代表进行考核。

知识文库

知识文库 1　大豆灰斑病

大豆灰斑病又称斑点病,在黑龙江省是老病害,20 世纪 80 年代以前发生较重,90 年代由于应用抗病品种基本得到控制,但近年在个别地区、个别年份也有造成减产或严重减产的,病害发生不仅影响产量,还因籽粒带病斑影响品质、使病粒发芽率降低、脂肪含量降低约 2.9%、蛋白质含量降低约 1.2%。

一、症状

大豆灰斑病主要侵染叶片,也可侵染幼苗、茎、荚和种子。带菌种子长出的幼苗,子叶上病斑半圆形、稍凹陷,深褐色。多雨年份生长点受侵染,使幼苗枯死。天气干旱,仅在叶片上发病,初为褪绿色小圆斑,后逐渐扩展为圆形,边缘褐色,中央灰色或灰褐色的蛙眼状病斑。有时病斑也可扩展至椭圆形。潮湿时在叶片背面病斑的中央密生灰色霉层(分生孢子梗和分生孢子)。病害严重时,病斑合并使叶片干枯死亡,提早脱落。茎部病斑为椭圆形或纺锤形,初呈深褐色,以后变成浅灰色。荚上病斑为圆形或椭圆形,稍凹陷,颜色与叶部病斑相似,因豆荚表面多毛,肉眼不易见到霉层。种子上病斑明显,多为蛙眼状灰褐色圆斑,边缘深褐色。

诊断要点:圆形或椭圆形,边缘褐色、中央灰色或灰褐色的蛙眼状病斑,潮湿时在叶背面病斑的中央密生灰色霉层。

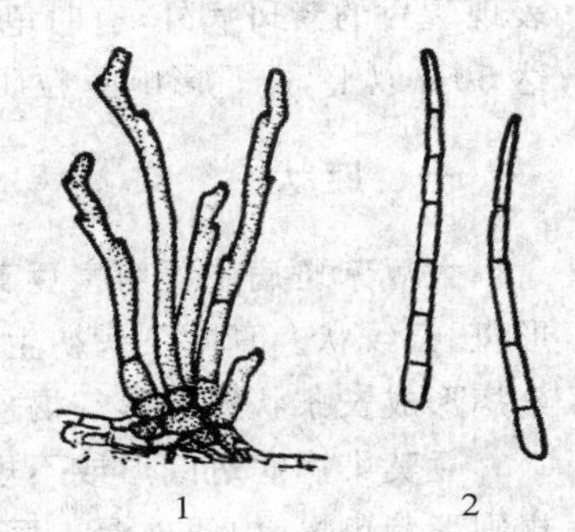

图 4-1　大豆灰斑病原
1. 分生孢子梗　2. 分生孢子

二、病原

大豆灰斑病病原为大豆尾孢菌 *Cercospora sojina* (Hara)(图 4-1),属半知菌亚门真菌,尾孢属。分生孢子梗 5～12 根成束从寄主气孔伸出，不分枝，有膝状屈曲，淡褐色，孢痕明显。分生孢子倒棍棒状或圆柱形，无色透明，顶端尖细，基部钝圆，有1～9个横隔。分生孢子萌发时从两端细胞长出芽管，有时也可从中部细胞长出。

三、发病规律

病菌以菌丝体在种子或病残体上越冬。其中以病残体为主要初侵染来源，种子带菌对病害流行关系不大。表土层的病残体越冬后产生的分生孢子进行初侵染，带菌种子长出的幼苗在叶片上可出现病斑。温暖潮湿时病斑上产生的分生孢子或土壤表层病残体上产生大量的分生孢子靠气流传播，成为田间病害的再侵染源。在适宜条件下，如再侵染频繁，就能造成病害大流行。

气候对灰斑病发生与流行影响较大，低温多雨时，幼苗发病重；分生孢子只能在水中萌发，适温条件下叶面保持湿润时间越长，形成孢子数量越多；地势低洼易积水，田间湿度大，发病重；老病区发病普遍重于偶尔发病区；连作地一般发病较重；灰斑病病粒率的多少和发病轻重与大豆豆荚受侵染时间有关。

四、防治措施

1. 农业防治

选用抗（耐）病品种，对控制大豆灰斑病发生效果显著；因病原菌主要随病残体在土壤中越冬成为主要初侵染源，因此要合理轮作，避免重茬；合理密植，加强田间管理，控制杂草，降低田间湿度；收获后要及时清除田间病残体和翻耕，减少越冬菌量。

2. 药剂防治

在发病始期或结荚盛期喷药防治。可选用的药剂有50%多菌灵可湿性粉剂1 000倍液喷雾；也可选用或75%百菌清、或70%甲基硫菌灵等药剂。每隔7 d喷一次，连续喷两次。

知识文库2　大豆紫斑病

大豆紫斑病是大豆的主要病害，各地普遍发生。南方重于北方，温暖地区较严重。病粒除表现醒目的紫斑病外，有时龟裂，瘪小失去生活能力，感病品种紫斑粒率15%～20%，最高可达50%以上，严重影响豆粒质量和产品质量。

一、症状

大豆紫斑病主要为害豆荚和豆粒，也为害叶和茎。苗期染病，子叶上产生褐色至赤褐色圆形斑，云纹状。真叶染病初生紫色圆形小点，散生，扩展后形成多角形褐色或浅灰色斑。茎秆染病形成长条状或梭形红褐色斑，严重的整个茎秆变成黑紫色，上生稀疏的灰黑色霉层。

豆荚染病病斑圆形或不规则形，病斑较大，灰黑色，边缘不明显，干后变黑，病荚内层生不规则形紫色斑，内浅外深。豆粒染病形状不定，大小不一，仅限于种皮，不深入内部，症状因品种及发病时期不同而有较大差异，多呈紫色，有的呈青黑色，在脐部四周形成浅紫色斑块，严重的整个豆粒变为紫色，有的龟裂。

二、病原

大豆紫斑病病原为菊池尾孢菌 *Cercospora kikuchii*（Chupp.），属半知菌亚门真菌，尾孢属。子座小，分生孢子梗簇生，不分枝，暗褐色，大小(45～200) μm×(4～6) μm。分生孢子无色，鞭状至圆筒形，顶端稍尖，具分隔，多的达 20 个以上。

三、发病规律

病菌以菌丝体潜伏在种皮内或以菌丝体和分生孢子在病残体上越冬，成为翌年的初侵染源。如播种带菌种子，引起子叶发病，病苗或叶片上产生的分生孢子借风雨传播进行初侵染和再侵染。大豆开花期和结荚期多雨，气温偏高，均温 25.5～27℃，发病重；高于或低于这个温度范围发病轻或不发病。连作地及早熟种发病重。

四、防治措施

1. 农业防治

选用抗病品种，生产上抗病毒病的品种较抗紫斑病；大豆收获后及时进行秋耕，以加速病残体腐烂，减少初侵染源。

2. 化学防治

①选用无病种子并进行种子处理，用 0.3%的 50%福美双拌种。

②在开花始期、蕾期、结荚期、嫩荚期各喷 1 次 30%碱式硫酸铜悬浮剂 400 倍液或 40%多菌灵胶悬剂 1 500 mL/hm^2 或 80%多菌灵 750 g/hm^2 或 70%甲基硫菌灵 1 500 g/hm^2，结合叶面肥于大豆花荚期叶面喷雾。

知识文库 3　大豆褐斑病

大豆褐斑病(褐纹病、斑枯病)，多发生于较冷凉的地区。在中国以黑龙江省东部地区发生最重，危害较大。一般地块病叶率达 50%左右，严重地块病叶率达 95%以上，病情指数为 70%以上。该病主要造成叶片枯黄，光合速率急剧降低，提前 10～15 d 落叶，造成大幅度减产。大豆植株下部叶片感病对植株中、上部产量损失率影响很大，故防治植株下部叶片受害是非常重要的。

一、症状

大豆褐斑病叶片染病始于底部，逐渐向上扩展。子叶病斑不规则形，暗褐色，上生很细小的黑点。真叶病斑棕褐色，轮纹上散生小黑点，病斑受叶脉限制呈多角形，直径 1～5 mm，严重时病斑愈合成大斑块，致叶片变黄脱落。茎和叶柄染病生暗褐色短条状边缘不清晰的病斑。病荚染病上生不规则棕褐色斑点。

二、病原

大豆褐斑病病原菌为大豆壳针孢菌 *Septoriaglycines*（Hemmi），半知菌亚门，壳针孢属。病斑上的小黑点为病原菌的分生孢子器。散生或聚生,球形,器壁褐色,膜质,直径 64~112 μm。分生孢子无色,针形,直或弯曲,具横隔膜 1~3 个,大小(26~48) μm×(1~2) μm。病菌发育温限 5~36℃,24~28℃最适。分生孢子萌发最适温度为 24~30℃,高于 30℃则不萌发。

三、发病规律

病原以分生孢子器或菌丝在病组织或种子上越冬,成为翌年初侵染源。在黑龙江省东部地区,大豆幼苗出土后,子叶和真叶陆续出现病斑。6 月下旬大豆复叶上病斑可以产生第 1 代分生孢子。该病在黑龙江省每年有两个发病高峰:

第 1 个发病高峰期:6 月中旬至 7 月上旬,气温偏低、多雨、高湿、少日照,前期发病重;7 月中旬以后随着气温升高,病害增长速率减慢。

第 2 个发病高峰期:8 月中旬至 9 月上旬降温较快、多雨、高湿,后期发病重。发病严重时,9 月上旬大豆叶片自下而上全部黄化脱落。

种子带菌引致幼苗子叶发病,在病残体上越冬的病菌释放出分生孢子,借风雨传播,先侵染底部叶片,后进行重复侵染向上蔓延。侵染叶片的温度范围为 16~32℃,28℃最适,潜育期 10~12 d。温暖多雨,夜间多雾,结露持续时间长发病重。

四、防治措施

1. 农业防治

选用抗病品种,实行 3 年以上轮作。

2. 化学防治

一般在大豆 3 片复叶期和鼓粒期易发病,在发病初期用 70%甲基硫菌灵 1 125~1 500 g/hm^{2}或 25%嘧菌酯 900~1 200 mL/hm^2 或 75%百菌清可湿性粉剂 600 倍液或 50%琥胶肥酸铜可湿性粉剂 500 倍液、14%络氨铜水剂 300 倍液液叶面喷雾,隔 10 d 左右防治 1 次,防治 1 次或 2 次。

知识文库 4 大豆病毒病

大豆病毒病在我国各大豆产区都有发生,导致形成种皮斑驳,呈褐斑粒,引起减产,质量下降,含油量降低。

一、症状

大豆花叶病的症状因病毒株系、寄主品种、侵染时期和环境条件的不同差别很大。

轻花叶型:用肉眼能观察到叶片上有轻微淡黄色斑驳,此症状在后期感病植株或抗病品种上常见。

重花叶型:病叶呈黄绿相间的斑驳,叶肉呈突起状,严重皱缩,暗绿色,叶缘向后卷曲,叶脉坏死,感病或发病早的植株矮化。

皱缩花叶型:叶脉庖状突起,叶片歪扭、皱缩、植株矮化,结荚少。

黄斑型:皱缩花叶和轻花叶混合发生。

芽枯型:病株顶芽萎缩卷曲,发脆易断,呈黑褐色枯死,植株矮化,开花期花芽萎缩不结荚,或豆荚畸形,其上产生不规则或圆形褐色的斑块。

褐斑粒:是花叶病在种子上的表现,病种子上常产生斑驳,斑纹为云纹状或放射状,病株种子受气候或品种的影响,有的无斑驳或很少有斑驳。

诊断要点:病叶呈黄绿相间的斑驳,严重皱缩,病种子产生云纹状或放射的斑驳。

二、病原

大豆花叶病毒 Soybean Mosaic Virus,简称 SMV。病毒粒体线状,在寄主体外稳定性较差,钝化温度 55～65℃,体外保毒期 1～4 d,稀释限点 10^2～10^3。

三、发病规律

(1)种子带毒　营养期感染越早,种子带毒率越高,抗病品种种子带毒率显著低于感病品种,因此,带毒种子是田间毒源的基础。

(2)传毒蚜虫介体的消长　多数有翅蚜着落于大豆冠层叶为害,黄绿色植株率多于深绿色。蚜虫传播距离在 100 m 以内,大豆上繁殖的蚜虫,迁飞着落消长情况是传毒的主要介体,附近作物蚜虫经过大豆田,着落率、传毒率低。

(3)品种抗性　主要影响田间初侵染源及病害发生严重程度。品种抗斑驳,即不产生斑驳或斑驳率低;抗种传,即不种传或种传率低;抗蚜虫,即蚜虫不取食或着落率低。

(4)其他因素　影响潜育期长短的是气温。但温度高于 30℃时病株可出现隐症现象。高温隐症品种产量损失比显症品种少。长期种植同一抗病品种,会引起病毒株系变化,造成品种抗性降低或丧失抗病性。SMV 还可通过汁液摩擦传播。

四、防治措施

采用以农业防治为主和药剂防治蚜虫等综合防治措施。

1. 农业防治

选用抗病品种;用不带毒种子,建立无病留种田,提倡在无病田留种,播种前要严格筛选种子,清除褐斑粒;在大豆生长期间要彻底拔除病株;种子田应与大豆生产田及其他作物田隔离 100 m 以上,防止病毒传播;避免晚播,大豆易感病期要避开蚜虫高峰期;采用大豆与高秆作物间作可减轻蚜虫危害从而减轻发病。

2. 加强种子检疫

在调运种子或进行品种资源交换时,会引进非本地病毒或株系,从而扩大病害流行的范围和流行的程度。因此,在引种时,对引进的种子要先隔离种植,从无病株上留取无病毒的种子繁殖。

3. 治蚜防病

大豆花叶病发生流行与蚜虫数量、蚜虫为害高峰期出现早晚关系密切,在蚜虫发生期可选用 1.5%乐果粉剂 22.5～30.0 kg/hm^2 喷粉;或用 40%乐果乳油 1 000～1 500 倍液喷雾。此外,用银灰薄膜放置田间驱蚜,防病效果达 80%。

知识文库 5　大豆羞萎病

大豆羞萎病是一种真菌性病害，主要危害叶片、叶柄和茎。黑龙江省北部大豆主产区多年连作导致田间病残体积累过多，为病害的发生提供了充足的致病菌源，加之气候条件适宜，大豆羞萎病在讷河、克山、拜泉、孙吴、瑷珲区、嫩江、五大连池等地发生，发生平均病株率10%，最高的达80%。该病害严重时会导致植株枯萎，进而导致大豆减产。

一、症状

大豆羞萎病主要为害叶片、叶柄和茎。叶片染病沿脉产生褐色细条斑，后变为黑褐色。叶柄染病从上向下变为黑褐色，有的一侧纵裂或凹陷，致叶柄扭曲或叶片反转下垂，基部细缢变黑，造成叶片凋萎。茎部染病主要发生在新梢。

豆荚染病从边缘或荚梗处褐变，扭曲畸形，结实少或病粒瘦小变黑。病部常产生黄白色粉状颗粒。

二、病原

大豆羞萎病病原为 *Septogloeum sojae*（Yoshii et Nishizawa.），属半知菌亚门，黏隔胞菌真菌。分生孢子盘聚生在大豆表皮下，后突破表皮外露。分生孢子长圆柱形至长菱形，无色，直或略弯，具隔膜1～4个。

三、发病规律

病菌以分生孢子盘在病残体上越冬，也可以菌丝在种子上越冬，成为翌年的初侵染源。

四、防治措施

1. 农业防治

①目前此病在我国仅局部发生，因此对种子要严格检疫，防止随种子传播蔓延。

②收获后及时清洁田园，可减少菌源。

③与非本科作物3年以上的调茬轮作。大豆地连种多年，严重破坏田间生态环境，土壤通透性差，微量元素与营养元素失衡，土壤微生物菌群结构遭到破坏，致使大豆羞萎病等次生病害逐年加重。因此，有条件的地区进行与非本科作物3年以上的调茬轮作（最好是水旱轮作），以控制羞萎病的发生。

④采取大垄栽培模式，加强田间排涝。大豆出苗期间低温持续阴雨，低洼地内涝成灾，大豆植株长势弱，抗逆性降低，羞萎病发生严重。应采取大垄栽培模式，选用排灌方便的田块，开好排水沟，降低地下水位，达到雨停无积水。大雨过后及时清理沟系，防止湿气滞留，降低田间湿度。

⑤合理施肥，适当增施磷钾肥。采用测土配方施肥技术，适当增施磷钾肥，加强田间管理，培育壮苗，增强植株抗病力，有利于减轻病害。

2. 化学防治

①种子消毒。用种子重量0.4%的40%拌种双或50%苯菌灵可湿性粉剂拌种。

②必要时在结荚期喷洒50%苯菌灵可湿性粉剂1 500倍液或70%甲基硫菌灵悬浮剂1 200倍液、50%多菌灵可湿性粉剂600～700倍液。

知识文库6　大豆食心虫

大豆食心虫 *Leguminivoraglycinivorella*（Matsumura）（图4-2）属鳞翅目，卷蛾科，是我国北方大豆产区的重要害虫。以幼虫蛀入豆荚为害豆粒，一般年份虫食率为10%～20%，对大豆的产量、质量影响很大。寄主单一，栽培作物只有大豆，野生寄主有野生大豆及苦参等。

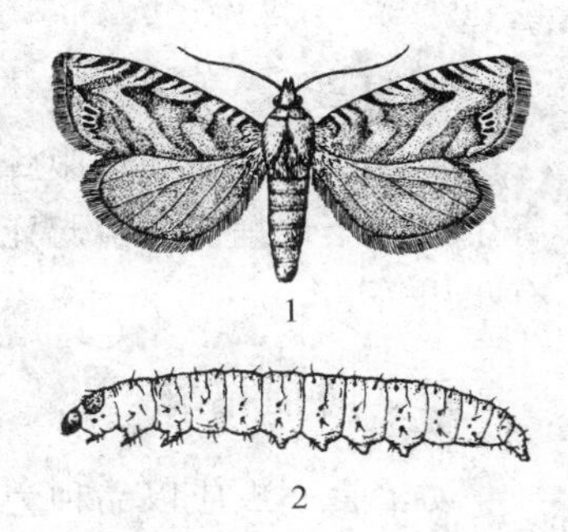

图4-2　大豆食心虫

1. 成虫　2. 幼虫

一、形态识别

成虫暗褐色，体长5～6 mm。前翅暗褐色，前缘有大约10条黑紫色短斜纹，外缘内侧有一个银灰色椭圆形斑，斑内有3个紫褐色小斑。雄蛾前翅色较淡，有翅缰1根，腹部末端有抱握器和显著的毛束。雌成虫体色较深，有3根翅缰，腹部末端产卵管突出。

幼虫分4龄。初孵幼虫淡黄色，入荚后为乳白色至黄白色，老熟幼虫鲜红色，脱荚入土后为杏黄色。老熟幼虫体长8～9 mm，略呈圆筒形，趾钩单序全环。

二、发生规律

1. 生活习性

大豆食心虫1年发生1代。以老熟幼虫在大豆田或晒场的土壤中作茧滞育越冬。幼虫孵化当天蛀入豆荚，取食豆粒，幼虫老熟后脱荚，入土结茧越冬。

成虫飞翔力不强，一般不超过6 m。上午多潜伏在叶背面或茎秆上，17:00～19:00时在大豆植株上方0.5 m左右呈波浪形飞行，在田间见到的成虫成团飞舞的现象是成虫盛发期的标志。成虫有弱趋光性。在3～5 cm长的豆荚、幼嫩豆荚、荚毛多的品种豆荚上产卵多，极早熟或过晚熟品种着卵少。在每个豆荚上多数产1粒卵。每头雌成虫可产卵80～200粒。

初孵幼虫在豆荚上爬行数小时后从豆荚边缘的合缝处附近蛀入，先吐丝结成白色薄丝网，在网中咬破荚皮，蛀入荚内，在豆荚内为害。1头幼虫可取食2个豆粒，将豆粒咬成兔嘴状缺刻。幼虫入荚时，豆荚表皮上的丝网痕迹长期留存，可作为调查幼虫入荚数的依据。

大豆成熟前幼虫入土作茧越冬。垄作大豆在垄台上入土的幼虫约占75%。入土深度因土壤种类而不同，沙壤土为4～9 cm，黏性黑钙土为1～3 cm。在大豆收割时，有少数幼虫尚未脱荚，收割后如果在田间放置可继续脱荚，运至晒场也可继续脱荚，爬至附近土内越冬，成为次年虫源之一。

越冬幼虫于次年7～8月份上升至土壤表层3 cm以内作土茧化蛹，蛹期10～12 d。土茧呈长椭圆形,长 7.5～9 mm,宽 3～4 mm,由幼虫吐丝缀合土粒而成。

2. 温、湿度条件

温、湿度和降水量是影响大豆食心虫发生严重程度的重要因素。化蛹期间降雨较多,土壤湿度大,有利于化蛹和成虫出土。

3. 栽培管理

大豆连作比轮作受害重,轮作可使虫食率降低 10%～14%。大豆结荚期与成虫产卵盛期不相吻合则受害较轻,因地制宜适当提前播期或利用早熟品种,成虫产卵时大豆已接近成熟,不适宜于产卵,可降低虫食率。大豆品种由于荚皮的形态和构造不同,受害程度也有明显差异。

4. 天敌

寄生卵的有澳洲赤眼蜂;寄生幼虫的有多种姬蜂和茧蜂,寄生率可达 17%～65%,幼虫被寄生是次年化蛹前后引起死亡的原因之一。幼虫被白僵菌侵染可达 5%～10%。捕食性天敌有步甲等。

三、防治措施

防治食心虫应以品种为基础,以农业防治为主,化学药剂与生物防治为辅,使品种与农业措施、化学药剂、生物制剂、天敌的作用协调起来,才能达到综合防治的目的。

1. 农业防治

(1)选用抗(耐)虫品种　在保证大豆产量和品质的前提下,尽量选用豆荚无绒毛、或绒毛少,或荚皮木质隔离层紧密而呈横向排列的品种。过早熟品种和晚熟品种也可躲过产卵期,减轻危害。

(2)远距离大区轮作　因食心虫食性单一,飞翔能力弱,因此采用远距离轮作可有效降低虫食率,一般应距前茬豆地 1 000 m。

(3)及时翻耙豆茬地　豆茬地是食心虫越冬场所,收获后应及时秋翻,将脱荚入土的越冬幼虫埋入土壤深层,增加越冬幼虫死亡率,以减轻来年危害。

(4)大豆适时早收　如能在 9 月下旬以前收获,可通过机械杀死大批未脱荚幼虫,以减少越冬虫量。

2. 化学防治

防治指标和时期。从 7 月下旬到 8 月中旬,每天 15:00 以后,手持 80 cm 长木棒,顺垄走,并轻轻拨动大豆植株,目测被惊动而起飞的成虫(蛾)数量,连续 3 d 累计(双行)成虫(蛾)数量达 100 头,即进行防治。在黑龙江省一般为 8 月上中旬进行。

防治方法。每公顷用 10%氯氰菊酯 375～450 mL 或 48%毒死蜱 1 200～1 500 mL 或 2.5%高效氯氟氰菊酯 300 mL 或 2.5%溴氰菊酯 375～450 mL 或 20%甲氰菊酯 450 mL 对水茎叶喷雾。

此外,对于小面积地块可以采用药棒熏蒸成虫的方法。用 30 cm 长的玉米秸秆,一端去皮,侵入 80%敌敌畏乳油中约 3 min,使其吸饱药液后,插入豆田中,每隔 4 垄插一行,棒距 5 m,进行熏蒸防治。

知识文库 7 朱砂叶螨

朱砂叶螨(图 4-3)又名大豆红蜘蛛、绵叶螨,属蜱螨目,叶螨科。

一、形态识别

朱砂叶螨成虫是红色小型蜘蛛。背上有刚毛排成 4 列,雌虫体长 0.5 mm 左右,雄虫体长 0.36 mm 左右。

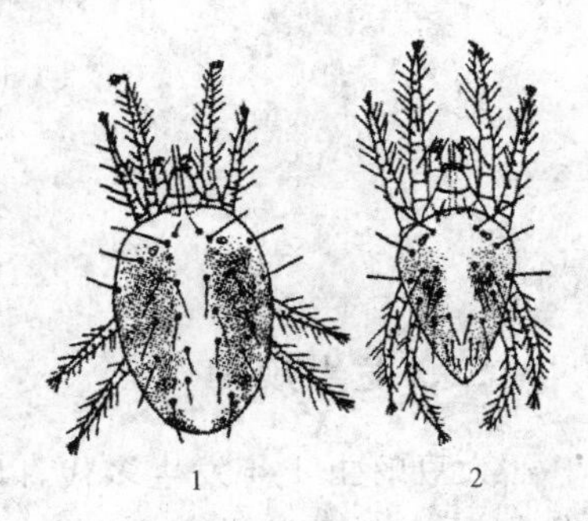

图 4-3 朱砂叶螨

二、发生规律

朱砂叶螨幼螨和前期若螨不甚活动。后期若螨则活泼贪食,有向上爬的习性。先为害下部叶片,而后向上蔓延。繁殖数量过多时,常在叶端群集成团,滚落地面,被风刮走,向四周爬行扩散。朱砂叶螨发育起点温度为 7.7～8.5℃,最适温度为 25～30℃,最适相对湿度为 35%～55%,因此高温低湿的 6～7 月份为害重,尤其干旱年份易于大发生。但温度达 30℃以上和相对湿度超过 70%时,不利其繁殖,暴雨有抑制作用。

三、防治措施

1. 农业防治

清除田埂、路边和田间的杂草及枯枝落叶,耕整土地以消灭越冬虫源。合理灌溉和施肥,促进植株健壮生长,增强抗虫能力,及时喷药。

2. 化学防治

如夏季高温偏旱,雨日少,朱砂叶螨点片发生时应当防治。每公顷可用 48%毒死蜱 750～1 500 mL 或 2.5%高效氯氟氰菊酯 900～1 500 mL 或 73%克螨特 600～1 050 mL 叶面喷雾防治。

知识文库 8 大豆蚜虫

大豆蚜虫 *Aphisglycines* (Matsumura)(图 4-4)属同翅目,蚜科。

一、形态识别

大豆蚜虫有翅胎生雌蚜体长 1.2～1.6 mm,黄绿色;触角第 3 节感觉圈 3～8 个,排列成行;腹管黑色,有瓦状纹,尾片细长。

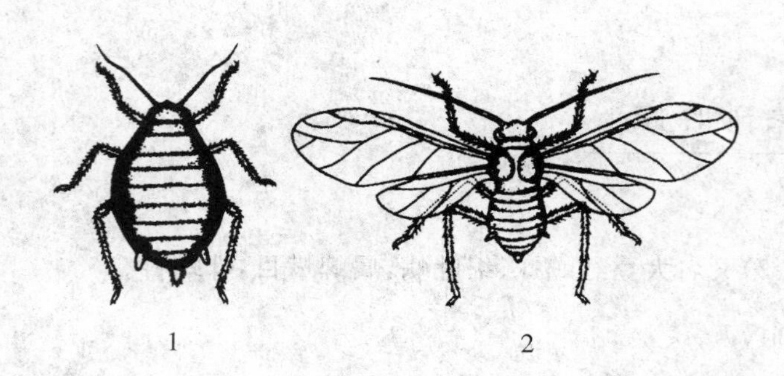

图 4-4 大豆蚜虫

1. 无翅胎生雌蚜 2. 有翅胎生雌蚜

二、发生规律

大豆蚜虫 1 年发生多代，以卵在鼠李上越冬。大豆苗期有翅胎生雌蚜迁至大豆田，先点片发生，再扩散蔓延进入盛发期，气温下降后迁回鼠李交尾产卵越冬。

三、防治措施

1. 选用抗虫和耐虫品种

在保证大豆产量和品质的前提下，选择中抗大豆蚜虫品种，黑农 38、黑农 40、黑农 43、黑农 44、黑农 47、黑农 52、黑农 54、黑农 57、绥农 17、绥农 21、合丰 45 及北疆 1 号、垦丰 9 和垦丰 12 等。

2. 种子处理

用 35%多克福种衣剂按种子重量的 1%～1.5%进行包衣处理。

3. 药剂防治

在 6 月中下旬天气较干旱，预报 7 月上旬无大雨或暴雨，点片发生蚜虫 5%～10%的植株卷叶或有蚜株率超过 50%，百株蚜量达 1000～2000 头以上，天敌数量很少时应及时防治。每公顷可用 70%吡虫啉 15～20 g 或 2.5%高效三氟氯氰菊酯 300 mL 或 35%吡虫啉 45～80 g 或 2.5%溴氰菊酯 300 mL 或 10%氯氰菊酯 225 mL 或 48%毒死蜱 600 mL 或 40%乐果 1050 mL 或 50%抗蚜威 150～225 g，干旱条件下加入植物油型喷雾助剂（喷液量 1%）、有机硅助剂（喷液量 0.05%～0.1%），进行叶面喷雾防治。

知识文库 9 双斑萤叶甲

双斑萤叶甲属鞘翅目，叶甲科，别名双斑长跗萤叶甲。寄主范围广，有豆类、马铃薯、苜蓿、玉米、甜菜、麦类、十字花科蔬菜、向日葵等作物。黑龙江省 8 月进入为害盛期，主要以成虫取食叶片和花穗成缺刻或孔洞甚至网状，幼虫主要危害豆科植物和禾本科植物的根。

一、形态识别

双斑萤叶甲成虫体长 3.6～4.8 mm，宽 2～2.5 mm，长卵形，棕黄色具光泽，触角 11 节丝状，端部色黑，长为体长的 2/3；复眼大卵圆形；前胸背板宽大于长，表面隆起，密布很多细小刻点；小盾片黑色呈三角形；鞘翅布有线状细刻点，每个鞘翅基半部具 1 近圆形淡色斑，四周黑色，淡色斑后外侧多不完全封闭，其后面黑色带纹向后突伸成角状，后足胫节端部具 1 长刺；腹管外露。幼虫体长 5～6 mm，白色至黄白色，体表具瘤和刚毛，前胸背板颜色较深。

二、发生规律

双斑萤叶甲在黑龙江省 1 年发生 1 代，以卵在大豆田和周围杂草根系土壤中越冬，翌年 4 月中下旬开始孵化。6 月中旬田边杂草始见成虫，8 月中旬进入为害盛期，田间作物收获后又迁入到杂草和蔬菜田中。成虫有群集性和弱趋光性，在一株上自上而下地取食，日光强烈时常隐蔽在下部叶背。成虫飞翔力弱，一般只能飞 2～5 m，早晚气温低于 8℃或风雨天喜躲藏在植物根部或枯叶下，气温高于 15℃成虫活跃，成虫羽化后经 20 d 开始交尾，把卵产在田间或菜园附近草丛中的表土下。卵散产或数粒粘在一起，卵耐干旱，幼虫生活在杂草丛下表土中，老熟幼虫在土中筑土室化蛹，蛹期 7～10 d。干旱年份发生重，近两年来在黑龙江省大部分地区危害趋势越来越严重。

三、防治措施

1. 农业防治

及时铲除田边、地埂、渠边杂草，秋季深翻灭卵，均可减轻受害。

2. 药剂防治

可用 2.5%高效氯氟氰菊酯 300～400 mL/hm² 或 2.5%溴氰菊酯 300～400 mL/hm² 或 10%氯氰菊酯 500～600 mL/hm² 喷雾防治。

知识文库 10　大豆菟丝子

大豆菟丝子是一种寄生性一年生草草本植物。大豆受害后，生长发育不良，产量损失达 20%～80%。除为害大豆外，还为害亚麻、茄科、菊科、藜科、蓼科、苋科等多种作物和杂草。

一、为害状

菟丝子是大豆田恶性寄生性杂草，由于细胞中没有叶绿体，以丝藤状茎缠绕在大豆茎秆和分枝上，长出大量吸器伸入植物组织内吸取水分和营养，被害大豆植株矮小、茎秆细弱弯曲、叶片发黄、花芽枯萎、结荚少而瘪荚多，严重时全株萎蔫枯死。

二、发生规律

以种子混在土壤、种子及肥料中越冬，次年萌发。当接触到寄主茎时缠绕在大豆茎秆和分枝上，长出大量吸器与维管束的导管和筛管相连，藤茎扩展、蔓延、不断产生新的吸器侵染。与大豆同时成熟或稍早成熟，成熟后落入土中的种子以及混杂在大豆种子和有机肥中的种子，是主要的初侵染来源。菟丝子常比大豆迟出苗 20 多天，种子发芽适宜的土温为 25 ℃左右，适宜的土壤含水量为 15%～30%。

三、防治措施

1. 清选种子，严格种子检疫

外来豆种没有经过检疫不能引种，本地有可能被菟丝子污染的种子，特别是有污染史的地区不能选种，对含有菟丝子种子的自留种或农民相互串换的大豆种子，应采取清选措施。

2. 精细管理豆田，预防菟丝子发生蔓延

(1)深翻土壤　菟丝子种子在土表 5 cm 以下，不易萌芽出土，结合养护管理，在土菟丝子种子萌发前期进行中耕除草，深耕 10 cm 以上，将菟丝子种子深埋，减少发生量。

(2)轮作倒茬　当豆田大面积出现菟丝子，导致减产超过 30%时，则该大豆地必须与禾本科作物(例如玉米)进行轮作，最少轮作 4 年禾本科作物，并保证基本清除豆田中的双子叶杂草，使土壤中的菟丝子种子大量减少。

(3)人工铲除　对受害地段的豆秧立即彻底剪除或整株拔除干净，并把剪下的茎段清除田外，放在固定地方，晒干并烧毁，减少传染源。

(4)合理处理有机肥　由于菟丝子种子不易被动物肠胃消化，豆田施用有机肥必须经生物学高温处理，使其种子失去萌发能力。

3. 适时施药防治

(1)土壤封闭处理　对有污染史的地块，新播大豆前，使用 48%的仲丁灵乳油 250～300 mL/1 000 m^2，均匀喷洒土壤，药后及时耙地，以达到药土混合，把菟丝子种子杀死在土壤里。另外，也可用 43%甲草胺 250 mL/亩，或 72%异丙甲草胺 150 mL/亩，加水 30～50 kg，进行土壤封闭处理。

(2)生长期防治　5～10 月份，在菟丝子开花结籽前，喷施 6%的草甘膦水剂 200～250 倍液(5～8 月份用 200 倍，9～10 月份气温低时用 250 倍)，连续喷 2 次，隔 10 d 喷 1 次。对污染严重的豆田，收获后及时浇水，保持土壤一定的湿度，用 48%仲丁灵乳油 300 mL/1 000 m^2，均匀喷洒豆茬，消灭菟丝子种子和残体。

知识文库 11　大豆的生育期

生育期是指从出苗到成熟所经历的天数。按照生育期划分，可将黑龙江省大豆分为以下 6 种类型。

(1)超早熟类型　生育期 90 d 以下，适于活动积温 1 900℃左右的黑河市及大兴安岭半山区种植。

(2)极早熟类型　生育期 90～100 d，适于活动积温 1 900～2 100℃的黑河中部半山区及佳木斯东北部地区种植。

(3)早熟类型　生育期 100～110 d,适于无活动积温 2 100～2 300℃的克拜地区中部和北部地区种植。

(4)中早熟类型　生育期 110～115 d,适于活动积温 2 300～2 500℃的克拜地区南部及绥化地区北部种植。

(5)中熟类型　生育期 115～125 d,适于活动积温 2 500～2 700℃的哈尔滨、佳木斯和绥化地区种植。

(6)中晚熟类型　生育期 125～135 d,适于活动积温 2 700℃以上的哈尔滨、绥化、牡丹江地区南部种植。

知识文库 12　大豆的生长发育

一、种子萌发与出苗

(1)种子的形态与结构　大豆种子形状有圆球形、椭圆形、扁圆形等。种子大小差异也很大,小粒种百粒重只有 7 g 左右;大粒种百粒重达 40 g 左右;一般生产用种的百粒重为 17～20 g。根据大豆种皮分为黄色、青色、褐色、黑色和双色 5 种。大豆种脐色也有 5 种颜色,分别为黄白、淡褐、褐、深褐、黑,它是鉴别品种纯度的主要性状之一。

(2)种子的萌发与出苗　播种后种子在适宜的温度、水分和空气条件下开始吸水膨胀,当吸水量达到萌发所需吸水量的一半时,种子内的有机物质开始转化,呼吸作用逐渐增强。随着吸水量进一步增加,酶的活性开始提高,种子内部物质代谢活跃,营养物质由不溶态转化为可溶态,运输到胚部细胞中,使胚部细胞分裂、伸长。胚根首先伸出,当胚根与种子等长时称为发芽,同时,胚轴也迅速伸长,将子叶顶出地面,当子叶出土展开时即为出苗。

二、幼苗期

从出苗到第 1 个分枝出现为幼苗期。出苗后 3～5 d,第 1 对真叶展开,约 10 d 后长出第 1 片复叶,幼苗长出 5 片复叶,第 2 复叶展开时,幼苗期结束。幼苗期叶片制造的营养物质主要供给根的生长和根瘤的形成。在真叶展开时,主根入土达 15～20 cm。主根形成时,侧根不断增加,幼苗期结束时形成二级侧根,主根入土 30～40 cm。

大豆根瘤菌在适宜条件下,侵入大豆根毛后形成的瘤状物叫根瘤。最初形成的根瘤呈淡绿色,不具固氮作用。健全的、有固氮作用的根瘤呈粉红色,衰老的根瘤变褐色。大豆出苗后 2～3 周,根瘤开始固氮,但固氮量很低,此时根瘤与大豆是寄生关系。开花期以后,固氮量迅速增加,到籽粒形成初期是根瘤固氮高峰期。根瘤固氮量的 1/2～3/4 供给大豆,根瘤与大豆由寄生关系转为共生关系。以后由于籽粒发育,消耗了大量的光合产物,根瘤得不到足够的养分,逐渐衰败,固氮作用迅速下降。根瘤菌是喜欢弱碱性的好气性微生物,在氧气充足、矿质营养丰富的土壤中固氮力强。大量施用氮肥,会抑制根瘤形成;施用磷、钾肥和有机肥能促进根瘤形成,提高固氮能力。

幼苗期是大豆营养生长时期,且地下部生长快于地上部。壮苗标准是根系发达,茎秆粗壮,节间较短,叶片肥厚,叶色浓绿。

三、分枝期

从第 1 分枝出现到始花为分枝期。此期根、茎、叶开始旺盛生长,同时花芽不断分化,开始进行生殖生长,所以此期又称为花芽分化期,是营养生长和生殖生长并进期,但仍以营养生长为主。

大豆的每个叶腋中都有两个潜伏的腋芽,一个是枝芽,可以发育成分枝;另一个是花芽,可以发育成花序。一般植株上部的腋芽形成花序,下部的腋芽形成分枝。大豆花芽分化经历了花芽原基形成期、花萼分化期、花瓣分化期、雄蕊分化期、雌蕊分化期和胚珠、花药、柱头形成期。

四、开花结荚期

1. 大豆的开花结荚

从始花到终花为开花结荚期。开花和结荚是两个并进的生育时期,二者之间界限不明显。大豆从花蕾膨大到开花需 3～4 d。大豆的花较小,无香味,开花前已经授粉,天然杂交率很低。大豆每天一般上午 6 时开花,8～10 时开花最多,下午开花少,夜间几乎不开花。每朵花开花时间在 0.5～4 h,平均为 1.5 h。一株大豆的花期一般为 18～40 d。在正常播期下,黑龙江省栽培的无限和有限结荚习性品种,单株花期为 20～35 d,如果晚播则花期缩短。

授精后,子房逐渐膨大发育成豆荚。豆荚的生长最早是长度的增加,其次是荚的宽度的增加,最后增加荚的厚度。大约 15 d,豆荚达最大长度。

开花结荚期是营养生长与生殖生长并进阶段,是植株生长最旺盛的时期。茎、叶大量生长,叶面积指数达到最大值,根瘤菌的固氮能力达到迅速提高。初花期开始出现第 1 个光合强度高峰期,开花后逐渐降低。进入结荚期光合强度再次升高,鼓粒期出现第 2 个高峰期。

开花结荚期光合产物由主要供应营养生长逐渐转向以供应生殖生长为主,叶的功能分工更加明显。各叶优先供给自身叶腋中花的需要。进入结荚期,营养生长减弱,荚成为有机物的分配中心,光合产物主要供给自身叶腋中的豆荚,少量供给邻近豆荚,具有同侧就近供应的特点。

开花结荚期正值黑龙江省高温多雨季节,较多的降水对开花结荚有利;但如果降水过多,则容易使植株生长过旺,造成花荚脱落;如果遇到干旱,落花落荚也增加,且植株生长过慢,也不能获得高产。

2. 大豆的结荚习性

一般可分为无限结荚习性、有限结荚习性和亚有限结荚习性。

(1)无限结荚习性　开花早,一般出苗后 30～40 d 即开始开花。开花顺序是由中下部开始,逐渐向上向下开放,花期长。荚多生于主茎中下部,顶端只形成 1～2 个小荚。只要环境适宜,顶端生长点就可以继续无限生长。适于在一般肥水条件下栽培,开花后不断生长,能充分利用开花后的生长条件与生长季节,但在肥水条件好及种植密度较高的情况下容易倒伏。

(2)有限结荚习性　大豆植株较矮,顶叶大,秆粗壮,节间短,不易倒伏;始花期晚,一般出苗后 50～60 d 开始开花。开花顺序是由上中部开始,逐渐向上向下开放,花期较短。当主茎和分枝的顶端出现一大花簇时,顶端不再向上伸长,花簇变为荚簇,并以此封顶。在高温多雨条件下，它会转化为亚有限结荚习性。适于肥水条件好及管理水平较高的地区栽培，在肥水胁迫条件下生育不良。

(3)亚有限结荚习性 植株特征介于以上两种类型之间。在肥水条件适宜或密植时，表现出无限结荚习性特征；反之则趋向于有限结荚习性。

大豆的结荚习性是重要的生态性状，在地理分布上，有明显的规律性和地域性。从全国看，南方温和多雨，生育期长，有限结荚习性品种多；北方则多种植无限结荚习性和亚有限结荚习性品种。

3. 大豆的落花落荚

大豆的落花落荚是大豆生育过程中所表现出的一种正常的生理现象，其呈现明显的规律性。不同结荚习性的大豆品种，落花落荚的部位和顺序不同。有限结荚习性的大豆，靠近主茎顶端的花先落，然后向上、向下扩展，植株下部落花落荚多，中部次之，上部较少。无限结荚习性的大豆，主茎基部花荚脱落早，但上部脱落较多，中部次之，下部较少。在同一栽培条件下，花荚脱落盛期，早熟品种比中晚熟品种早；熟期相近的品种，单株开花数多的花荚脱落率高。在同一植株上，分枝比主茎花荚脱落率高；在同一花序上，花序顶端脱落率高。花荚脱落率高峰期，多出现在末花期至结荚期之间。原因可能是由于在植株上较早开的花、结的荚能优先得到养分供应，因此这部分花荚的脱落率较低，而后期开的花、结的荚由于此时养分竞争已经很激烈，因在养分竞争上处于劣势而使脱落率增高。

落花落荚的原因是由于群体过大、生育过旺，导致群体内通风透光不良，光合产物减少，糖分供应不足；养分供应失调，土质瘠薄或施肥量少的地块较肥沃或施肥多的地块，花荚脱落率高；徒长植株较健壮植株花荚脱落率高；水分供应失调，进入生殖生长期，大豆对水分反应敏感，如旱灾，叶片失水，其吸水力大于子房，于是水分倒流引起花荚脱落，但如果水分供应过多造成植株徒长也会增加落花落荚率；植株受病虫为害或农机具、大风等外力作用，也会提高落花落荚率。

根据花荚脱落的原因，制订保花保荚的主要措施：一是选用多花多荚的高产品种；二是精细整地，适时播种，加强田间管理，培育壮苗；三是增施有机肥作底肥，按需肥规律施肥，防止后期脱肥；四是开花结荚期及时灌水排涝；五是合理密植，实行间作、穴播，改善群体内通风透光条件；六是应用生长调节剂防徒长；七是及时防治病虫害，保证植株健康生长。

五、鼓粒成熟期

结荚期以后，豆荚按长、宽、厚的顺序增长。将豆荚平放，豆粒明显鼓起并充满整个荚腔时称大豆鼓粒。当田间50%植株鼓粒称鼓粒期。开花后15～20 d 籽粒增重最快，45～50 d 种子达最大体积。籽粒中的绝大多数干物质是在开花后10～31 d 内积累的，每粒种子日平均增重6～7 mg。在一个荚中，顶部籽粒首先快速发育，其次是荚基部的籽粒，然后是中部籽粒。鼓粒完成时，种子含水量为90%左右，随种子成熟很快降到70%左右，以后含水量缓慢下降。当种子达最大干重时，含水量迅速降低，在7～14 d 内由65%降到15%左右。这时豆粒变硬，与荚皮分离，呈现本品种固有的形状和色泽，种子成熟。

豆荚的形状有弯镰形、直葫芦形，大多数品种为中间型。豆荚内有1～4粒籽粒，极个别荚有5粒。豆荚颜色有草黄、灰褐、褐、黑褐、黑5种，它也是品种特性之一。

大豆种子的成熟过程分为黄熟、完熟和枯熟3个阶段。黄熟期时植株下部叶片大部分变黄脱落，豆荚由绿变黄，种子逐渐呈现其固有色泽，体积缩小、变硬。此时是人工收获或机械分段收获的适宜时期。完熟期时植株叶柄全部脱落，籽粒变硬，茎、荚和粒都呈现出本品种固有色泽，摇动植株，发出清脆的摇铃声，即进入完熟期，此时为联合收获的适宜时期。到枯熟期时植株茎秆发脆，出现炸荚现象，种子色泽变暗。

知识文库 13 大豆对水分的要求

大豆需水较多，一生耗水量呈“少、多、少”的变化规律，前期需水少，中期需水多，后期需水又减少。

播种到出苗期间的需水量占总需水量的 5%。大豆籽粒含有大量的蛋白质和脂肪，种子萌发需水较多，约为种子重的 1～1.5 倍。据测定，土壤相对含水量在 70%时，出苗率可达 94%；相对含水量增至 80%时，出苗率反而降至 77.5%，且出现烂根现象。为说明水分过多，透气性差，土温较低，影响出苗。

幼苗期需水较少，占总需水量的 13%，此时抗旱能力强，抗涝能力弱。幼苗期根系生长快，茎、叶生长较慢，土壤水分蒸发量大。幼苗期适当干旱，有利于扎根，形成壮苗。此期水分过多会形成徒长苗。

分枝期也称花芽分化期，需水量占总需水量的 17%。如果干旱，会影响花芽分化数量。

开花结荚期是大豆营养生长与生殖生长并进期，对水分反应敏感，是大豆一生中需水最多的时期，占总一生需水量的 45%，也是大豆需水临界期。此期干旱会增加花荚的脱落数量，造成减产。干旱时应勤灌水以免对产量造成不可挽回的影响。

鼓粒成熟期营养生长停止，生殖生长旺盛进行，仍是需水较多的时期，需水量占总需水量的 20%。鼓粒初期干旱会形成空瘪粒，鼓粒后期干旱会降低百粒重。大豆耐涝性较差，灌水以渗湿田土为宜，不可淹灌，雨后必须及时排除渍水。

知识文库 14 植物生长调节剂的使用

大豆在生长发育过程中，有时会出现营养生长与生殖生长不协调的现象，如植株生长过度繁茂造成徒长，开花延迟等。在大豆即将出现生长失调时，除了可采用摘心、打叶等应急措施外，还可应用生长调节剂。如果应用得当，能调节生长矛盾，提高产量和品质。大豆常用的调节剂有两类：一类是延缓抑制剂，可改善株型结构，防止徒长倒伏，减少郁蔽和花荚脱落；另一类是营养促进剂，可改善植株光合性能，调节体内营养分配，促进产量提高。生产上常用的调节剂主要有以下几种。

一、大豆上常用的植物生长调节剂

1. 三碘苯甲酸

2,3,5-三碘苯甲酸是一种多性能的植物生长调节剂，能抑制细胞分裂，消除顶端优势，增强抗倒能力，减轻花荚脱落。在植株高大，生长势强、易倒伏的中晚熟品种上应用，可增产10%～20%。

施用三碘苯甲酸以土质肥沃，生长高大、繁茂的豆田或高密度栽培地块为宜。在初花期叶面喷洒，喷施浓度100～200 mg/kg，喷液量375～450 kg/hm^2。也可在盛花期施用，浓度为200 mg/kg，喷液量600～750 kg/hm^2。在肥水不足，植株生长量小，不存在倒伏可能的地块上不能使用。

2. 增产灵

增产灵化学名称为4-碘苯氯乙酸，能防止花荚脱落、增荚、增粒、增重。一般增产3%～5%。增产灵在盛花期和结荚期喷施。喷施两次，每隔7～10 d喷1次。喷施浓度为每100 kg水加药1～3 g，药液用量50～70 kg/hm^2。

3. 多效唑

多效唑是一种三唑类植物生长调节剂，具有抑制徒长，促进根系发育，增加根瘤数量，增强抗逆性的作用。大豆喷施后表现为植株矮化，茎秆变粗，抗倒伏能力增强，复叶小而厚，光合效率提高，叶片功能期延长，增加生物产量并显著增产。在高肥水条件及使用无限结荚习性品种时，增产幅度可达6.2%～18.3%。

大豆应用多效唑叶面喷洒可重点用于高产田控制旺长、防倒伏。在大豆初花期，每公顷用15%多效唑可湿性粉剂750 g，对水750 kg，在晴天下午均匀喷洒。不重喷，不漏喷，浓度误差不超过10%。若喷后6 h内降雨，要降低1/2药量重喷。

多效唑必须在高肥水地块上施用，适当增加密度。在玉米与大豆间作时施用效果好。在有限结荚习性大豆品种上施用，浓度应适当降低。多效唑在土壤中易残留，不能连年使用。若浓度过高，大豆受药害时可喷洒赤霉素，追施氮肥，灌水缓解。

4. 烯效唑

烯效唑也是一种三唑类植物生长调节剂，具有矮化植株，增强抗倒能力，提高作物抗逆性和杀菌等功能。其活性高于多效唑，且不易发生药害，高效、低残留，对大豆安全。试验结果表明，烯效唑在50～300 mg/kg浓度范围内对大豆均有一定的增产效果，以150 mg/kg的增产幅度最高，可达21.6%。

烯效唑宜在肥力水平高，生长过旺的田块使用，以大豆初花期至盛花期叶面喷洒为宜，浓度为100～150 mg/kg。施用烯效唑注意事项与多效唑相同。

5. 矮壮素

矮壮素可以使大豆矮壮、根系发达、叶片增厚、叶色加深、光合作用增强，从而促进生殖生长，提高结荚率，改善品质，提高产量和抗旱、抗寒、抗盐碱能力。一般在大豆有4片复叶时，每667 m^{2}用0.1%的矮壮素溶液喷施，到初花期再用0.5%的矮壮素溶液喷一次，每次喷药液50 kg/667 m^2。

6. 亚硫酸氢钠

亚硫酸氢钠是一种光呼吸抑制剂，能降低大豆的光呼吸强度，提高净光合强度，提高产量。长势较弱的地块在初花期使用，一般地块在盛花期使用。喷施浓度为50～80 mg/kg，喷液量450～900 kg/hm^2。在第1次喷施后7～10 d再喷1次，能提高增产效果。喷雾应在晴天上午进行，遇雨应重喷。施用亚硫酸氢钠的浓度不应高于100 mg/kg，否则会降低细胞壁和光合膜的透性。

二、使用调节剂应注意的问题

(1)根据需要选择适宜的调节剂　不同品种、肥力、环境条件和大豆的不同生育状况，需要调节的目的和要求也不同。肥水条件差，长势弱，发育不良的地块，要选用促进型的调节剂。肥水条件好，密度高，长势旺的田块，为了控制徒长，防止倒伏，要选用抑制型的调节剂。

(2)严格掌握施用浓度和方法　根据调节剂的种类、使用时期、施用方法和气象条件，确定适宜的浓度。在施用方法上，首先要选择适宜的时期，如防倒伏以大豆初花期为宜；不同性质的调节剂不能混用。

(3)注意环境因素的影响　用调节剂拌种或浸种时应避免阳光直射，叶面喷洒也应避开烈日照射时间，以 16:00 后为宜。叶面喷洒应避开风雨天，喷后 6 h 遇雨要重喷。

(4)加强田间管理　如大豆使用多效唑等延缓抑制剂，必须同适时早播，适当增加密度，增加肥水投入，加强中耕除草和病虫害防治相结合，否则会使产量降低。

(5)防止发生药害　要严格控制使用浓度和剂量，把握使用时期和方法。如果发生药害，要根据药害产生的原因和受害程度采取相应的补救措施。如果用错了调节剂，可立即喷大量清水淋洗作物，或用与该调节剂性质相反的调节剂来挽救。如已发生药害，在受害较轻时可补施速效性氮肥、灌水；受害较重时应抓紧改种其他作物。造成土壤残留的，要用大水冲洗，以免影响下茬作物。

项目五　大豆收获与贮藏阶段植保措施及应用

技术培训

收获与贮藏阶段的植保措施是及时耕翻土地，清除田园枯枝、残叶以及杂草，将其深埋、沤肥，以消灭越冬害虫及减少病原菌数量，减轻第2年病、害虫的发生与危害；大豆收获后，喷施除草剂，降低第2年杂草发生基数；收获时对害虫越冬基数进行调查为第2年害虫预测预报提供理论依据。

一、大豆收获期病害防治

大豆收割后应清除田间病株残体，并及早翻地，将病残体深埋地下，以加速病原菌消亡，减少病原菌数量，减轻第2年大豆病情。

二、大豆收获期害虫防治

1. 发生特点

①大豆食心虫开始脱荚，入土越冬。

②食叶性害虫的幼虫入土作茧或化蛹，准备入冬。

③地下害虫入土做土室越冬。

2. 防治对象

①大豆食心虫、红棕灰夜蛾、大豆根潜蝇等。

②大黑鳃金龟、暗黑鳃金龟、小地老虎、蝼蛄等。

3. 防治方法

①大豆收获后及时耕翻土地，通过耕翻将害虫翻到土表，经过耙、压、耢地、机械损伤，加之日晒、风吹、雨淋、天敌食取，可大大增加害虫的死亡率，有效减轻第2年害虫的发生与危害。

②结合秋翻地，清除田园枯枝、残叶以及田埂、地边的杂草，将其深埋、沤肥，以消灭越冬成虫。

三、秋季除草

秋季除草与秋施肥、秋起垄同等重要，是防治第2年春季杂草的有效措施，比春施除草剂对大豆更安全，可提高药效5%～10%，增产5%～8%，尤其是鸭跖草、野燕麦等杂草发生严重的地块，秋施除草剂效果更好。

1. 秋施除草剂品种和配方选择

选择不易挥发、飘移的除草剂。如精异丙甲草胺、异丙甲草胺、异丙草胺、乙草胺、异噁草松、嗪草酮、唑嘧磺草胺、丙炔氟草胺等除草剂，两混、三混或混合制剂。秋施除草剂的用量比春施除草剂用量增加10%～20%，岗地、水分少可偏高。配方和用量参考春季播前土壤处理参考配方。秋季除草还可用草甘膦进行除草。

2. 秋施除草剂的时间和方法

在秋季温度稳定在10℃以下，最好在10月中下旬气温降到5℃以下，土壤达到播种状态、无大土块和植株残体、湿度适宜的情况下喷药。边喷药，边用双列圆盘耙耙一遍，待全田喷完药后，在垂直方向再耙一遍，二次耙深相同为10～15 cm。耙后可起垄，但不要把无药土层翻上来。

四、主要害虫越冬基数调查

(一)大豆食心虫

收获时对大豆食心虫虫食率及越冬基数调查，为翌年大豆食心虫预测预报准备第一手材料。

1. 大豆食心虫脱荚孔数调查，确定幼虫入土越冬基数

在大豆收割前3 d，选当地种植的主要品种以及防治与否等有代表性的田共块5块，每块田5点取样，每点取1 m^2，割取样点内所有大豆植株，按地块分样点捆好，置室外向阳处晾晒3～5 d后，再逐点逐荚调查脱荚孔数，将调查结果填入大豆食心虫幼虫脱荚孔数量调查表(表5-1)。

表5-1 大豆食心虫幼虫脱荚孔数量调查表

单位： 年度： 调查人：

调查日期	地点	取样面积/m^2	取样日期	调查品种	调查总荚数	脱荚孔总数	脱荚孔数/m^2	最多脱荚孔数/m^2	脱荚孔荚率	地块防治情况	备注

大豆食心虫脱荚孔位于豆荚侧面近合缝处，孔为长椭圆形，较小。豆荚螟脱荚孔位于荚面中部，孔圆形，较大。

2. 大豆食心虫幼虫虫食率调查

为了解当地幼虫发生为害情况和防治效果，并作为翌年发生预测的参考基数而调查，方法是在所选定的预测调查田和当地栽培的各主要品种的代表田块，共3～5块，在大豆收割前，每块田取5点。共取大豆10～15株，剥荚或混合脱粒，抽查其中1 000～2 000粒，检查虫食豆粒数，计算虫食率，或结合调查脱荚孔的取样，在幼虫脱荚孔后，混合脱粒取样调查虫食率，将调查结果填入大豆食心虫虫食率调查表(表5-2)。

表 5-2　大豆食心虫虫食率调查表

单位：　　　　　　　　　　　　　　年度：　　　　　　　　　　　　　　调查人：

调查日期（月/日）	调查地点	大豆种植情况			调查总豆粒数/粒	虫食豆粒数/粒	虫食率/%	防治情况	备注
		品种	代表面积/hm^2	比率/%					

由于大豆食心虫 1 年发生 1 代，所以，秋季进行的幼虫越冬密度的虫食率和幼虫脱荚孔数调查结果，可作为发生趋势预测的虫情基数. 另外结合 7、8 月份的化蛹、羽化和成虫盛发期的气象预报综合分析，做出中、长期发生趋势预测。

(二)地下害虫种类和虫口密度调查

查明当地地下害虫的种类、虫口密度，以便准确掌握虫情，制订翌年合理的防治计划。

1. 调查时间

可根据地下害虫种类、气候和作物栽培情况而定，选择在秋季(作物收获后、结冻前)或春季调查，黑龙江、吉林一般在秋季调查，辽宁、河北、山东等地一般在 10 月上旬调查。

2. 挖土调查

挖土调查是当前地下害虫种类和数量调查中最常用的方法。选择有代表性的地块，分别按不同土质、地势、茬口等作调查。调查蛴螬、蝼蛄、金针虫等较大型种类时，每个样方面积一般 50 cm×50 cm，深度 30 cm。边挖边检查，土块要打碎。取样方式取决于地下害虫种类在田间的分布型，如蛴螬、金针虫多属聚集分布，一般以采用"Z"字形或棋盘式取样法为宜。样点数目依调查面积而定，一般 1 hm^2 以内取 5 点；1 hm^2 以上每增加 0. 67 hm^2，样点增加 1～2 个。将调查结果填入地下害虫田间密度调查表(表 5-3)。

表 5-3　大豆田地下害虫田间密度调查表

单位：　　　　　　　　　　　　　　年度：　　　　　　　　　　　　　　调查人：

调查日期	地点	地势	土质	前茬	面积/667 m^2	取样面积/m^2	蝼蛄		蛴螬		金针虫			其他地下害虫		平均密度/(头·m^2)				备注
							华北	东北	大黑	暗黑	细胸	宽背				蝼蛄	蛴螬	金针虫	总计	

技术推广

一、任务

向农民推广大豆收获与贮藏阶段植保措施及应用技术。

二、步骤

(1)查阅资料　学生可利用相关书籍、期刊、网络等查阅大豆收获与贮藏阶段植保措施及应用,为制作 PPT 课件准备基础材料。

(2)制作技术推广课件　能根据教师的讲解,利用所查阅资料,制作技术推广课件。要求做到内容全面、观点正确、图文并茂等。

(3)农民技术推广演练　课件做好后,以个人练习、小组互练等形式讲解课件,做到熟练、流利讲解。

三、考核

先以小组为单位考核,然后由教师每组选代表进行考核。

知识文库

知识文库 1　大豆收获期病害防治

大豆收割后应清除田间病株残体,并及早翻地,将病残体深埋地下,以加速病原菌消亡,减少病原菌数量,减轻病情。

知识文库 2　大豆收获期害虫发生特点与防治

一、发生特点

大豆食心虫脱荚,入土越冬;食叶性害虫的幼虫入土做茧或化蛹,准备入冬;地下害虫入土做土室越冬。

二、防治对象

大豆食心虫、红棕灰夜蛾、大豆根潜蝇等;大黑鳃金龟、暗黑鳃金龟、小地老虎、蝼蛄等。

三、防治方法

①大豆收获后及时耕翻土地,通过耕翻将害虫翻到土表,经过耙、压、耢地、机械损伤,加之

日晒、风吹、雨淋、天敌食取，可大大增加害虫的死亡率，有效减轻第2年害虫的发生与危害。

②结合秋翻地，清除田园枯枝、残叶以及田埂、地边的杂草，将其深埋、沤肥，以消灭越冬成虫。

知识文库3 秋施除草剂的理论依据

除草剂的持效期受挥发、光解、化学和微生物降解、淋溶、土壤胶体吸附等因素的影响。黑龙江省冬季严寒，秋施药一般在10月下旬至封冻前，气候逐渐降低，微生物活动减弱，对药剂降解极微，同时，由于施药后进行耙地混土，可避免药剂挥发和光解。另外，秋施药药效稳定，因为药剂灭草效果受土壤水分直接影响。春季施药，因5月份大风日数多，空气湿度低，药剂挥发损失大，不利于土壤保墒，药效不如秋施药。

知识文库4 秋施除草剂的技术要求

选择好除草剂。要根据杂草群落情况，有针对性的选择安全、杀草谱广、持效期适中的除草剂。采用复合(2～3种除草剂混用)除草剂。特别要注意对后作的影响，如长残效除草剂咪草烟、豆磺隆等不能在小麦、大豆、玉米轮作区使用。

整地要平细，地表无大土块和植株残茬，切不可将施药后的耙地混土代替施药前的整地。施药要均匀，不重不漏，防止重喷造成药害，漏喷杀不死杂草，影响除草效果。混土要彻底，使除草剂和土壤充分混匀。混土可采用双列圆盘耙，先顺耙一遍，然后与第1次耙地呈垂直耙1次。车速不能低于10 km/h，车速越快，效果越好。耙深10～15 cm。起垄时注意不要把混药的土层起上来。

药量准确，混合均匀。秋施药量可比春施药增加10%～20%。药剂要先在小桶中配制成母液，切不可将原药直接倒入药箱搅拌。可湿性粉剂和乳剂混用时，可在两个药桶中分别配制母液。若在一个桶中配制，要先加可湿性粉剂，待可湿性粉剂搅拌均匀后再加乳剂进行搅拌，待完全均匀后再倒入药箱。往药箱加药时，先在药箱中加入用水量的一半，然后加入配制好的母液，再加入另一半清水，药剂在药箱中要继续搅拌，使药剂混合均匀。

知识文库5 大豆食心虫的预测预报

目前推行大豆食心虫的测报内容，大体包括发生趋势预测及发生期、防治适期的预测。

一、测报内容

1. 发生趋势预测

中长期预测，可根据当年越冬基数、结合7、8月份的化蛹、羽化和成虫盛发期的气象预报，综合分析，作出中、长期的发生趋势预报；短期预测，根据豆田成虫发生数量，结合 8 月份的降雨情况，预报发生程度，确定是否防治。防治的参考指标，东北地区经验在成虫盛发期，连续 3 d 累计百米（双行）蛾量达 100 头或一次调查平均百荚卵量达 20 粒，将会造成 10％以上的虫食率为依据，发出短期预报。

2. 发生期和防治适期的预测

一方面可根据田间成虫分布特点预测成虫盛期和高峰期：当田间蛾量突增、甚至出现成倍剧增的现象，集团飞翔的蛾团数增多，每个蛾团的蛾量较大，开始见到交尾则表明成虫已进入盛期；当田间成虫雌雄性比接近 1∶1，且田间蛾量（田边与田中间）已达基本均衡，表示已达成虫高峰期。另一方面，可根据虫态历期推算成虫、卵和幼虫入荚高峰期，在成虫盛期开始 2～3 d 即达成虫高峰期，此后 3～5 d 达产卵高峰，再过 5～7 d 为幼虫入荚盛期。防治的适宜时期，如用敌敌畏熏蒸防治成虫，可以在成虫初盛期开始进行；如用溴氰菊酯、倍硫磷等防治成虫和幼虫，可在成虫高峰期后 5～7 d 内进行。

二、观测方法

1. 越冬基数调查

在大豆收割前 3 d 内，选当地种植的主要品种以及防治与否等有代表性的田块共 5 块，每块田按 5 点取样法，每点取 1 m^2，割取样点内所有大豆植株，分别按地块按样点捆好，晾晒 3～5 d 后，逐点逐荚调查脱荚孔数。在查完脱荚孔后，分别按田块混合脱粒取样调查虫食率。

2. 大豆田成虫发生数量消长调查

选当地种植的主要大豆品种，固定 2 块距上年豆茬地较近的代表田块，每块田面积不少于 0.5 hm^2。东北地区从 8 月 1 日开始到 25 日，每日下午 4～6 时调查。在每块田查 5 点，每点两条垄，垄长 50 m 或 100 m，各调查点相隔至少在 10 m 或 20 m 以上。调查时顺垄前进，用 60 cm 多长木棍轻拨动豆株，目测被惊起飞的成虫数量。每次目测调查时，观察点内群体飞舞的蛾团数和每个蛾团大概蛾数。并在每次调查时用捕虫网扫集成虫在 20 头以上，分辨雌雄，计算性比。

3. 田间产卵及幼虫入荚数量调查

在固定调查成虫的地块选定一块，在成虫期不防治。东北地区从 8 月 10 日开始至 26 日，每 3 d 调查 1 次，每次抽样取 6～10 株大豆，摘取全株豆荚，携至室内，逐荚检查其上的卵数和幼虫入荚孔数。

知识文库 6　大豆成熟期划分

大豆的成熟过程分为黄熟、完熟和枯熟 3 个阶段。

（1）黄熟期　植株下部叶片大部分变黄脱落，豆荚由绿变黄，种子逐渐呈现其固有色泽，体积缩小、变硬。此时是人工收获或分段收获的适宜时期。

（2）完熟期　叶片全部脱落，荚壳干缩，籽粒含水量在 20％～25％，用手摇动会发出响声。此时为联合收获的适宜时期。

（3）枯熟期　植株茎秆发脆，出现炸荚现象，种子色泽变暗。

知识文库7　大豆测产

一、选点取样

在大豆黄熟期或完熟期进行田间调查，根据一个生产单位的大豆种植规模、品种类型、成熟期长相等情况，选择有代表性的田块进行测产。再根据被测地块大小、大豆生长整齐度等因素确定选点的数量，一般采用对角线五点取样法，每点取 1 m^2 或 2 m^2 进行详细调查。

二、调查测定

大豆的产量构成因素是公顷株数、单株荚数、每荚粒数和百粒重。

在样点面积内调查单位面积株数，统计出各点平均值。要求记数准确，各样点的实测株数除以该样点的面积，即得出每平方米株数。然后求出每公顷株数。在每个样点内随机取 10 株大豆，调查每株有效荚数、每荚实粒数和百粒重。调查每株有效荚数时，先分别查出单株荚数，再取平均值。单株荚数是指一株上除瘪荚以外的荚数。每荚实粒数是以单株粒数除以单株有效荚数获得的，取平均值。百粒重可以用该品种历年的平均数计算，也可以将籽粒干燥到正常含水量时测得，百粒重以克(g)表示。产量计算公式如下：

产量(kg/hm^2)= 公顷株数×单株荚数×每荚粒数×百粒重(g)/10^5

三、大豆收获技术

1. 收获时间

大豆机械化收获要掌握适宜的收获时间。收获过早，籽粒尚未充分成熟，百粒重、蛋白质含量、脂肪含量均低；收获过晚，会造成炸荚落粒，增加损失。适宜收获时期因收获方法不同而异。联合收获的最适宜时期是在完熟期，此时大豆叶片全部脱落，茎、荚和籽粒均呈现出原品种的固有色泽，用手摇动会发出哗哗的响声。分段收获可提前到黄熟期，此时大豆已有70%～80%叶片脱落，籽粒开始变黄，部分豆荚仍为绿色，是割晒的最适时期。如过早茎、叶含水量高，青粒多，易发霉；过晚则失去了分段收获的意义。

2. 收获方法

(1)联合收获　就是用联合收获机直接收获。采用此法要把割台下降前移，降低割茬高度，应用小收割台，以减少收获损失。为了防止炸荚，可在木翻轮上钉帆布带、橡皮条或改装偏心木翻轮。另外，加高挡风板防止豆粒外溅。每台车要有长短两条滚筒皮带，以便根据植株含水量、喂入量、破碎率等情况，随时调换皮带，调整滚筒转速。滚筒转速一般以 500～700 r/min 为宜。

(2)分段收获　就是先用割晒机或经过改装的联合收获机，将大豆割倒放铺，晾干后再用联合收获机拾禾脱粒。分段收获与直接收获相比，具有收割早、损失率低、破碎粒和“泥花脸”少等优点。为了提高拾禾工效，减少损失，在拾禾的当天早晨尚有露水时，人工将三趟并成一趟。据八五三农场调查,单铺拾禾每公顷损失 26.25 kg,双铺拾禾为 11.25 kg,三铺拾禾仅为 6.75 kg。并铺时,要求不断空,薄厚一致。割晒的大豆铺应与机车前进方向呈30°角,每 6～8 垄放一趟铺子,放在垄台上,豆枝相互搭接,以防拾禾掉枝。遇雨时要及时翻晒,干燥后及时拾禾脱粒。

无论采用哪种收获方法,都要搞好机具检修,减少“泥花脸”,降低破碎率和损失率,确保大豆丰产丰收。

知识文库 8 大豆贮藏技术

一、大豆种子的贮藏特性

①大豆含有大量蛋白质,且种皮薄,吸湿性强。

②耐热性差,在 25℃以上的温度下贮藏时,蛋白质易变性。

③含脂肪较多,导热性差,且脂肪多由不饱和脂肪酸构成,容易酸败。

④破损粒易生霉变质。

二、大豆种子的贮藏技术要点

①带荚曝晒,充分干燥。大豆种子干燥以脱粒前带荚干燥为宜。大豆安全贮藏水分在 12%以下。

②及时进行通风散湿。大豆种子收获时正值秋末冬初季节,气温逐步下降,大豆种子入库后还有后熟过程,会放出大量湿热,如不及时散发,就会引起种子发热霉变。为了达到种子长期安全贮藏的目的,大豆种子入库 21～28 d 时,要经常、及时观察库内温度、湿度变化情况。一旦发生温度过高或湿度过大,必须立即进行通风散湿,必要时要倒仓或倒垛。

③及时进行低温密封。可利用经过清洁、消毒处理后的草垫或麻袋压盖,压盖要平整、严密、坚实。种子低温密闭贮藏后除仓储保管人员定期检查外,要尽量减少库的开关次数。

知识文库 9 大豆考种项目及标准

(1)株高　从子叶节或地面测至主茎顶端生长点的高度,用厘米(cm)表示。

(2)分枝数　主茎上的有效分枝数(凡结有有效荚的分枝为有效分枝)。

(3)分枝起点　从子叶节至第 1 个有效分枝着生处。

(4)主茎节数　自子叶节算起,至主茎顶端的实际节数,而顶端花序不计在内。

(5)单株荚数　一株上有效荚数(凡荚内有一粒种子以上的荚为有效荚)。

(6)单荚粒数　用单株总粒数除以单株荚数。

(7)百粒重　取晒干扬净种子 100 粒称重,重复 2～4 次,以克(g)表示。

参 考 文 献

[1] 关成宏.绿色农业植保技术.北京:中国农业出版社,2010.
[2] 陶波,胡凡.杂草化学防除实应用技术.北京:化学工业出版社,2009.
[3] 郭玉人,朱建华,等.农药安全使用技术指南.北京:中国农业出版社,2012.
[4] 叶钟音.现代农药应用技术全书.北京:中国农业出版社,2002.
[5] 徐汉虹.植物化学保护学.第4版.北京:中国农业出版社,2010.
[6] 张学哲.作物病虫害防治.北京:中国高等教育出版社,2008.
[7] 郭泰,王成.2011年佳木斯地区大豆生产春播技术指导建议.大豆科技,2011(2):59-62.
[8] 谭国忠,李春杰.豆黄蓟马的识别与综合防治.大豆通报,2008(3):42.
[9] 农作物病虫草害防治技术.哈尔滨:黑龙江富尊农业综合服务连锁有限公司,2010.
[10] 陈庆恩,白金铠.中国大豆病虫图志.长春:吉林科学技术出版社,1987.
[11] 张履鸿.农业经济昆虫学.哈尔滨:哈尔滨船舶工程学院出版社,1993.
[12] 北京农业大学.农业植物病理学.北京:农业出版社,1982.
[13] 李振陆.作物栽培.北京:中国农业出版社,2008.
[14] 杨克军.作物栽培.哈尔滨:黑龙江人民出版社,2005.
[15] 薛全义.作物生产综合训练.北京:中国农业大学出版社,2008.
[16] 莫士玉,陈树文,苏辉.大豆田如何科学使用除草剂.农业科技通讯,2003(10):30-31.